宁夏"互联网+"水文测验
整编技术指南

马永刚·主编

黄河出版传媒集团
阳 光 出 版 社

图书在版编目（CIP）数据

宁夏"互联网＋"水文测验整编技术指南/马永刚主编. -- 银川：阳光出版社, 2023.11
ISBN 978-7-5525-7160-8

Ⅰ.①宁… Ⅱ.①马… Ⅲ.①互联网络－应用－水文测验－资料处理－宁夏－技术手册 Ⅳ.P332-39

中国国家版本馆 CIP 数据核字(2023)第 243691 号

宁夏"互联网＋"水文测验整编技术指南　　　　　　　马永刚　主编

责任编辑　胡　鹏
封面设计　晨　皓
责任印制　岳建宁

 黄河出版传媒集团　阳光出版社　出版发行

出　版　人　薛文斌
地　　　址　宁夏银川市北京东路 139 号出版大厦（750001）
网　　　址　http://www.ygchbs.com
网上书店　http://shop129132959.taobao.com
电子信箱　yangguangchubanshe@163.com
邮购电话　0951-5047283
经　　　销　全国新华书店
印刷装订　宁夏银报智能印刷科技有限公司
印刷委托书号　（宁）0027834

开　　本　720 mm×980 mm　1/16
印　　张　15.75
字　　数　200 千字
版　　次　2023 年 11 月第 1 版
印　　次　2023 年 11 月第 1 次印刷
书　　号　ISBN 978-7-5525-7160-8
定　　价　70.00 元

序

　　水文是研究自然界水的时空分布、变化规律的一门学科，是国民经济建设的基础。水文测验数据又是人类认识和了解水文现象，探索水文规律，开展水文计算、水文预报、水资源评价论证等各项水文业务的基础。水文测验是通过一定的技术手段和方式长期采集获取各类水文要素的数据的技术体系，并对这些水文要素数据进行计算、分析和整编后，为水资源的评价和合理开发利用，以及工程建设规划、设计、施工、管理运行及防汛、抗旱等提供技术依据的业务整体。

　　认识水文现象，探索水文规律，首先就要采集获取水文监测数据，宁夏水文监测项目主要有水位、流量、泥沙、降水、冰情、蒸发、水温、水质、土壤含水量、地下水等。

　　近年来，随着信息化快速发展，宁夏水文监测方式也由传统人工监测逐步走向信息化、自动化监测的新时代，并形成了人工监测与自动监测相结合、相补充、相比对的多样化监测体系。从发展形势来看，信息化监测技术应用越来越广泛，从实际应用来说，人工监测与自动监测相结合共存的方式会延续一定的时期。所以针对全国水文监测和资料整编改革的新形势，以及水利和经济社会发展对水文数据的新需求，急需研究建立一套基于"互联网+"的水文监测数据云采集计算分析处理体系，全面集成人工监测与自动监测采集数据端，实现从水文数据监测采集—数据录入或自动同步—计算分析及合理性检查—整编数据源形成—水文数据服务等全业务信息化，为河湖长制、水资源管理、经济社会建设提供更加及时准确的水文技术支撑。

　　本书结合宁夏实际，将基于"互联网+"的水文数据监测采集、数据录入与自动同步、计算分析及合理性检查、整编数据源形成、资料整编等信息化系统应用，水文汇编系统操作，宁夏水文测验技术细则、整编汇编技术补充规定进行了全面梳理，编辑成书，便于宁夏全区水文水资源监测整编人员参考与应用，同时也为今后宁夏水文测验整编技术发展积累经验，为水文水资源监测数据服务提供支撑。但由于时间仓促、水平有限，难免存在疏漏和谬误之处，恳请广大读者批评指正！

2022 年 6 月

目　录
CONTENTS

1

1 "互联网+"水文测验整编平台应用

1.1 系统概况

宁夏"互联网+"水文测验整编，是结合新仪器新技术应用、各类水文要素监测与整编规范要求，确定水文监测数据云数据库集网络化存储、各类数据算法与特殊情况计算处理、在线合理性分析检查、网络化成果图表输出、整编数据源自动生成的水文监测数据采集与计算处理全业务云计算技术体系。

2018 年水利部在全国推广水文资料整编改革，宁夏开展水文监测与资料整编技术研究创新，研发水文资料测验整编系统（业务流程管理），推动水文测验整编工作信息化水平。平台于 2018 年 5 月开始试运行，2019 年 1 月起已在宁夏全区水文系统进行正式应用，有效地支撑了宁夏水文监测及整编工作，大大节省了监测整编工作中的人力、物力和财力，取得了显著的社会效益和经济效益，在黄河流域（片）测验整编新技术交流会，介绍了宁夏经验，在全国水文系统内具有一定的影响力和示范效应。

1.1.1 客户端配置

Microsoft Windows XP 或者以上版本操作系统。

Internet Explorer7 或者 8 版本。

系统使用之前需要安装 silverlight 插件。

1.1.2　服务器配置

Microsoft Windows 2003 或者以上版本操作系统。

IIS6.0 或者以上版本。

数据库：Sql Server2000 或者以上版本。

.Net Framwork4.0 或者以上版本。

1.1.3　软件启动

在浏览器地址栏中输入 http://172.29.0.18:8001/index# 进入到宁夏水文水资源监测业务平台右上角进入。输入正确用户名、密码（原水慧通账户密码），点击【登录】按钮登录系统即可，如图 1-1 所示。

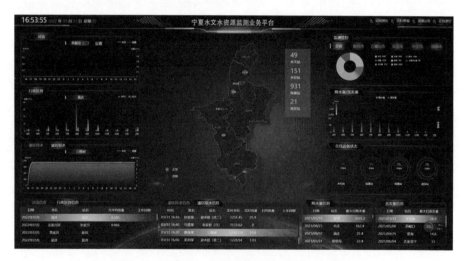

图 1-1　宁夏水文水资源监测业务平台总界面

1.2　测验平台

1.2.1　技术管理

【技术管理】菜单包括测站任务书、技术档案、测报方案、应急预案、报汛方案、测验方式、测验设施、测验设备功能。

1.2.1.1 测验任务书

点击【技术管理】下的【测站任务书】，进入到测站任务书界面，可根据左侧测站和档案状态查询。点击【查询】按钮，弹出系当前测站下所有测站任务书。点击【新增】按钮，弹出新增页面，点击【浏览】上传任务书，点击【确定】保存档案，如图1-2所示。

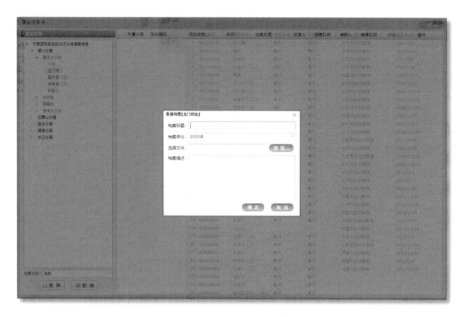

图1-2　测站任务书上传界面

1.2.1.2 测验方式

点击【技术管理】菜单里的【测验方式】，可查询、新增、测验统计、采集统计。如图1-3、图1-4所示。

【技术管理】菜单里还可以开展测验设施、测验设备、各类技术方案的归档管理。如图1-5所示。

1.2.2 系统管理

【系统管理】菜单包括变更查询、数据重用、整编定线、人员管理、

图1-3 技术管理-测验方式界面

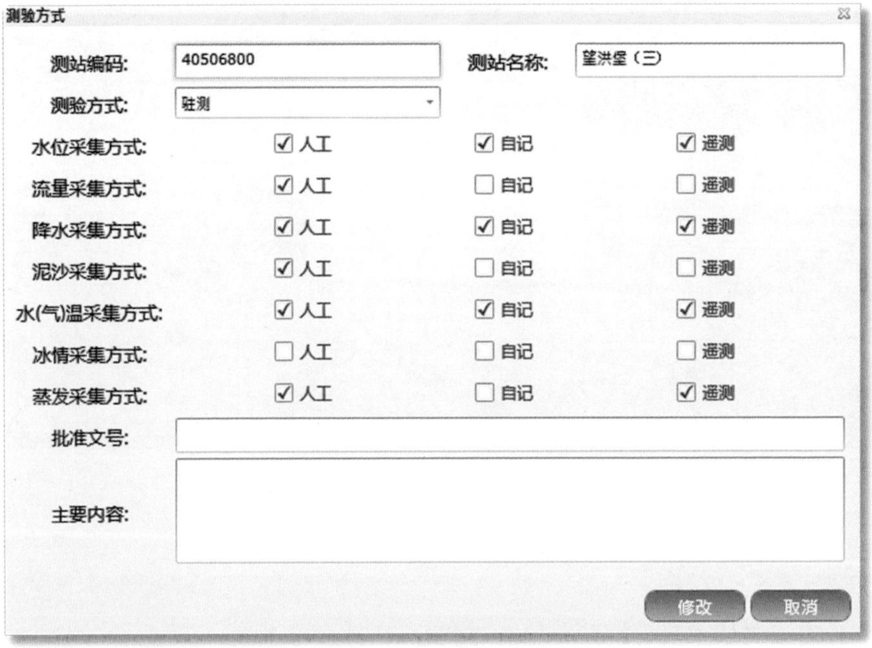

图1-4 技术管理-测验方式设置界面

App设定功能。

1.2.2.1 变更查询

变更查询是对水文监测数据修改操作留痕的功能，存储每次水文资料更改内容、更改人、更改时间。在【系统管理】菜单里点击【变更查询】，修

图1-5 技术管理-设备统计界面

改更改开始、结束时间，点击【查询】便可查询修改情况，如图1-6所示。

图1-6 系统管理-设备统计界面

1.2.2.2 数据重用

数据重用功能是解决站点水准点高程、水尺零点高程新年度延续使用，可以采用数据重用功能。

1.2.2.3 整编定线

链接整编定线系统，后面章节将对定线整编进行专题介绍。

1.2.2.4 人员管理

点击【系统管理】下的【人员管理】，进入到人员增减界面，可根据查询条件自定义查询，点击【查询】按钮，弹出系统中所有用户的记录。选择测站，并点击【新增】按钮，弹出用户新增页面，点击新增页面保存按钮，信息保存成功。点击【关闭】，关闭新增窗口。点击【查看】，弹出详细信息界面，如图1-7所示。

图1-7　系统管理-人员管理界面

1.2.2.5　App 设定

App 设定功能是对移动测验 App 的人员权限设定，点击【App 设定】打开设置界面，可以点击右侧操作栏里的查看、锁定、修改、测站关联、密码重置、删除菜单就可以进行操作。建立人员信息后，安装【移动测验 App】便可以操作使用移动测验 App 开展相关业务应用，如图1-8所示。

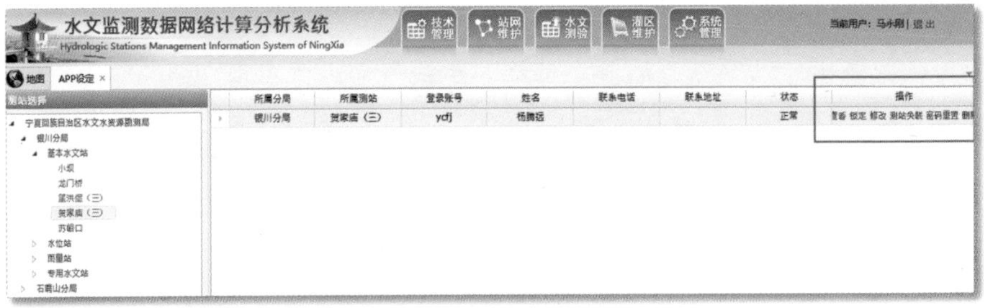

图1-8　系统管理-App 设定界面

1.2.3　站网维护

站网管理服务主要是对水文站网有关信息统一汇集，实现信息共享，保证站点信息的时效性和一致性。站网维护菜单包括站点信息、审批报备、站网统计功能。

点击系统首页界面菜单栏中的【站网维护】，在下拉菜单里进行【站点信息】【审批报备】【站网统计】，如图1-9所示。

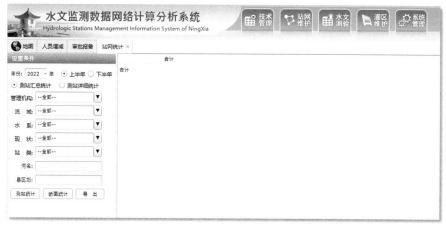

图1-9　系统首页界面

【站点信息】界面实现了对测站的基本信息和统计信息的快速查看，页面上方显示的是菜单栏，左侧显示工具栏，右侧显示查询面板，在查询面板中查询到的数据，将显示在地图空间区域。可以根据设区市、站类、流域、水系的不同来筛选出对应的测站信息，还可以按照设站目的、测站面积、重要程度进行测站的筛选查询，点击列表中的测站，在地图上的测站图标定位显示。

点击测站列表中的【导出】链接，把显示的数据信息导出到本地。点击【搜索】链接，弹出输入文本框，输入文本框内可以进行模糊查询。

【站点信息】界面点击【站网统计】功能模块，可以按照年份统计人员、设备、设施、站网信息。

1.2.4　水文测验

【水文测验】菜单主要包括任务管理、维护设定、数据录入、分析绘图、统计上报、通知公告功能。

1.2.4.1　OA 管理

系统管理员可以对所有成果资料在全区内进行分配，使用户具有核查权限。地市水文机构管理员可以对地市水文机构所有成果资料进行分配，使用户具有核查权限。站长可以分配本站原始资料的校核、复核、审核权限给测站人员。流程管理实现对原始数据校核、复核、审核，保证数据准确性。

1.2.4.2　维护设定

点击【维护设定】的子菜单【极值设定】可以对单站相关水文要素极值进行设定，防止误输入出现较大错误，如图 1-10 所示。

图 1-10　极值设定界面

1.2.4.3　分析绘图

分析绘图菜单主要有综合过程线、水位流量过程线、水道断面综合示意图、断面流速分布图、垂线流速分布图、实测大断面图、上下游水位对照图、上下游流量对照图、上下游沙量对照图，如图 1-11、图 1-12 所示。

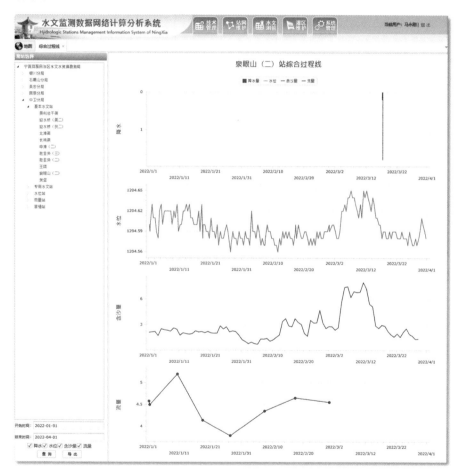

图 1-11　过程线界面

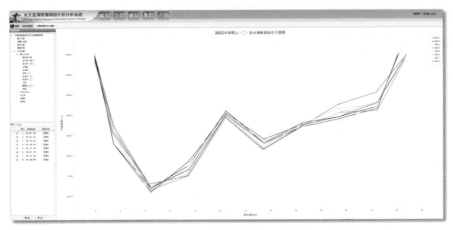

图 1-12　过程线界面

1.2.4.4　统计上报

统计上报菜单包括监测统计、实测月报、综合月报、水位比测、测站水准考证表、水准考证一览表功能。

点击【监测统计】在左侧导航栏选择站名，然后在下方输入日期点击【查询】查询相关统计数据。

点击【实测月报】在左侧导航栏选择站名，然后在下方输入日期点击【查询】查询每月实测月报。如图 1-13 所示。

点击【水位比测】在左侧导航栏选择站名，然后在下方输入起止日期点击【查询】查询水位比测表。如图 1-14 所示。点击【导出】可以导出 PDF 或图片格式比测资料。水位比测资料对校准雷达水位计监测数据有重要作用。

1.2.5　数据录入

数据录入菜单包括监测数据、遥测数据同步、洪水调查功能。是水文测验整编平台人工监测数据云数据录入的重要环节。【监测数据】菜单是数据录入采集的主要功能菜单。

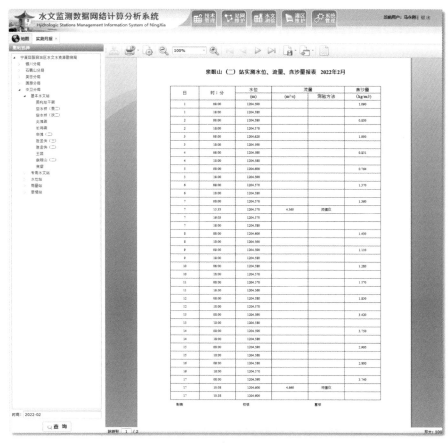

图 1-13 实测月报界面

1.2.5.1 水准测量

点击【数据录入】菜单下的【监测数据】，在界面左侧导航栏选择站点，选择水准测量，然后点击左下角【新增记载簿】，建立记载簿，如图1-15所示。

注意：水准测量、水准仪校验、水位观测、断面测量、洪水调查、含沙量测验、降水量观测、流量/输沙率测量、土壤墒情、蒸发观测等各类要素，每年1月1日必须新建一个从1月1日至12月31日的记载簿！如图1-16所示。

图 1-14　水位比测界面

图 1-15　水准测量记载簿建立界面

图 1-16　水准测量记载簿界面

（1）零点高程信息维护

点击【零点高程】按钮，打开水准点及水尺零点高程表界面，如图 1-17 所示。

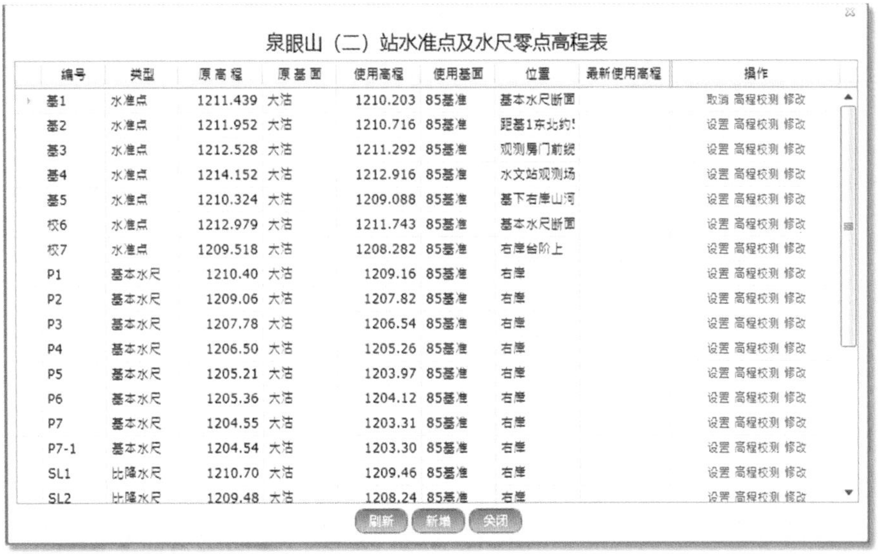
泉眼山（二）站水准点及水尺零点高程表

编号	类型	原高程	原基面	使用高程	使用基面	位置	最新使用高程	操作
基1	水准点	1211.439	大沽	1210.203	85基准	基本水尺断面		取消 高程校测 修改
基2	水准点	1211.952	大沽	1210.716	85基准	距基1东北约!		设置 高程校测 修改
基3	水准点	1212.528	大沽	1211.292	85基准	观测房门前统		设置 高程校测 修改
基4	水准点	1214.152	大沽	1212.916	85基准	水文站观测场		设置 高程校测 修改
基5	水准点	1210.324	大沽	1209.088	85基准	基下右岸山河		设置 高程校测 修改
校6	水准点	1212.979	大沽	1211.743	85基准	基本水尺断面		设置 高程校测 修改
校7	水准点	1209.518	大沽	1208.282	85基准	右岸台阶上		设置 高程校测 修改
P1	基本水尺	1210.40	大沽	1209.16	85基准	右岸		设置 高程校测 修改
P2	基本水尺	1209.06	大沽	1207.82	85基准	右岸		设置 高程校测 修改
P3	基本水尺	1207.78	大沽	1206.54	85基准	右岸		设置 高程校测 修改
P4	基本水尺	1206.50	大沽	1205.26	85基准	右岸		设置 高程校测 修改
P5	基本水尺	1205.21	大沽	1203.97	85基准	右岸		设置 高程校测 修改
P6	基本水尺	1205.36	大沽	1204.12	85基准	右岸		设置 高程校测 修改
P7	基本水尺	1204.55	大沽	1203.31	85基准	右岸		设置 高程校测 修改
P7-1	基本水尺	1204.54	大沽	1203.30	85基准	右岸		设置 高程校测 修改
SL1	比降水尺	1210.70	大沽	1209.46	85基准	右岸		设置 高程校测 修改
SL2	比降水尺	1209.48	大沽	1208.24	85基准	右岸		设置 高程校测 修改

图 1-17　水准点及水尺零点高程表界面

在水准点及水尺零点高程表界面，点击【新增】按钮，打开新增零点高程数据界面，按各项目要求输入相关数据后，点击【确定】保存，如图 1-18 所示。

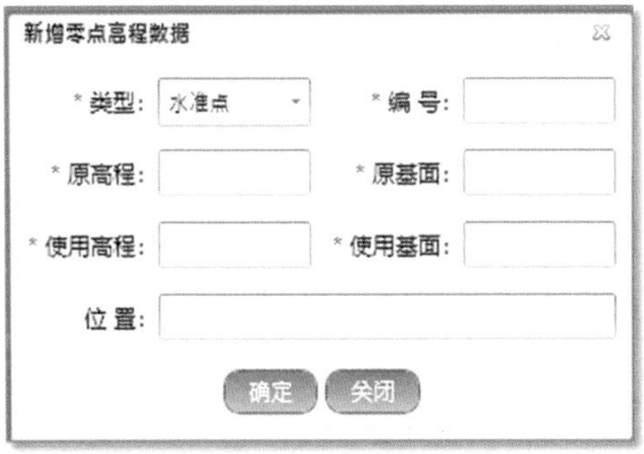

图 1-18　新增零点高程数据界面

注意：水准点及水尺零点高程表功能是水文测验整编云平台的核心功能，数据关联影响水准测量、断面测量、洪水调查、水位、流量、含沙量等多个要素。必须在每年更新记载簿后，首先对水准点及水尺零点高程进行更新维护！

（2）基面转换值设定

基面转换值设定功能是确定该站某个水准点作为站点的基础母点，最终所有高程差值转换都将以此点为基准进行计算。

在水准点及水尺零点高程表界面，点击【设置】按钮，弹出确认页面，点击【确认】即可，设置当前水准点高程差为整编时的基面变换值。点击【取消】取消，可以重新进行选择，如图1-19所示。

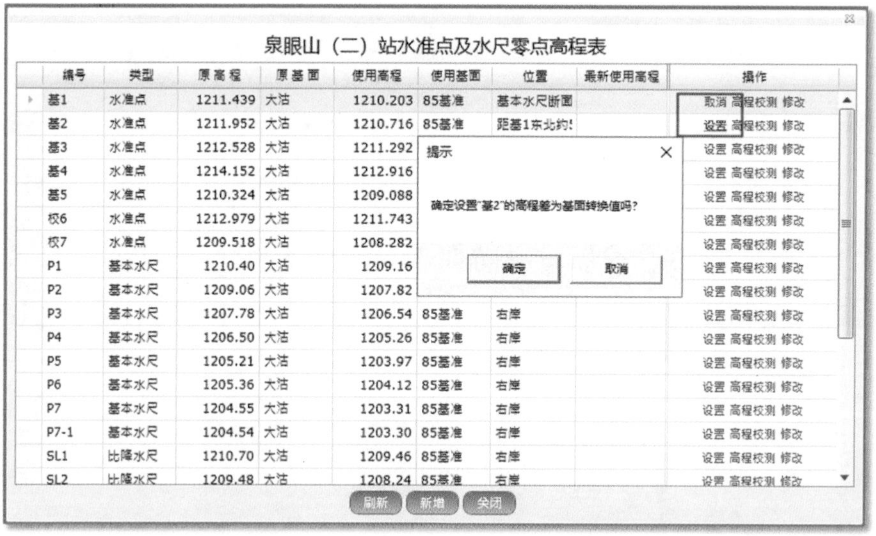

图1-19 基面转换值设定界面

在水准点及水尺零点高程表界面，点击【修改】按钮，打开修改零点高程信息页面，修改相应的数据后，点击修改页面的【修改】按钮，信息保存成功。

在水准点及水尺零点高程表界面，点击【高成校测】按钮，打开高成校测信息页面，点击页面【刷新】按钮， 信息将重新加载。

（3）水准测量数据录入

在水准点及水尺零点高程表界面，点击【记载表】按钮，打开水准测量记载表界面，在左上角测验方法里面选择三等或四等测量方法，如图1-20所示。

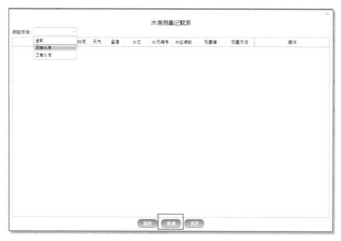

图1-20 水准测量记载表界面

点击【新增】按钮，打开新增水准测量数据界面，输入相应数据，点击【确定】按钮，信息保存成功，如图1-21所示。

图1-21 新增水准测量数据界面

保存成功后会在水准测量记载表界面出现一条新增的数据记载记录，在右边的操作栏里点击【详情】，打开水准测量记载表详情界面，按照系统提示输入要求，输入相应数据，点击【确定】保存数据，如图1-22所示。

图1-22　水准测量记载表详情界面

（4）数据录入要求

目标点：水准观测中零点高程里录入的水准点与水尺（直接在右侧下拉框中下拉选择）。

转点：为了测量，临时设立的点（需要人工录入名称）。

转点兼目标点：将水准观测中零点高程里录入的水准点与水尺作为转点使用（直接在右侧下拉框中下拉选择）。

尺型：4687与4787，默认4687。

点击【测量结果】按钮，打开测量结果信息页面。点击【删除】按钮，可以对数据进行删除；点击【计算】按钮，可以对数据进行计算，计算后的数据会自动保存。

（5）新水准点高程提取

在水准测量过程中，往测与返测时，我们添加转点兼目标点时，将新增的水准点取用同一个名称。水准测量数据录入完成后，将数据进行上报，上报之后界面会显示【提取】功能，点击【提取】，显示提取目标点界面，如图 1-23 所示。

在提取目标点界面，选择要提取的编号，点击右下角【下一步】，进入零点高程新增界面，需要指定类型以及名称，如图 1-24 所示。

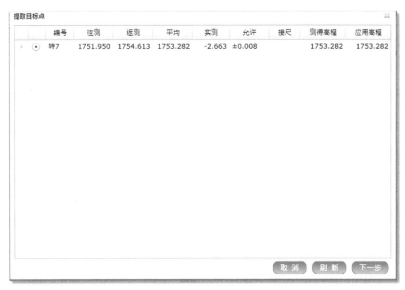

提取目标点
编号
往测
返测
平均
实测
允许
接尺
测得高程
应用高程
转7
1751.950
1754.613
1753.282
-2.663
±0.008
1753.282
1753.282
取 消
刷 新
下一步

图 1-23 提取目标点界面

提取目标点
类型:
水准点
编号:
转7
原高程:
1753.282
原基面:
大沽
使用高程:
1753.282
使用基面:
黄河
位置:
取 消
上一步
保 存

图 1-24 零点高程新增界面

点击【保存】，就会将该条零点高程添加到主界面的【零点高程】里。

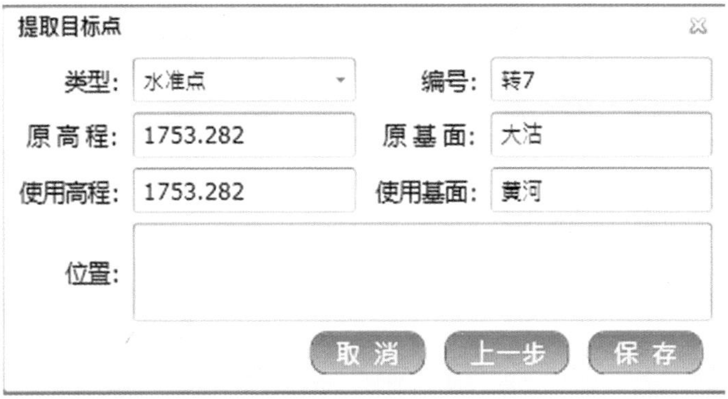

1.2.5.2 水准仪校验

点击【数据录入】菜单下的【监测数据】，在界面左侧导航栏选择站点，选择水准仪校验，然后点击左下角【新增记载簿】，建立记载簿，如图 1-25 所示。

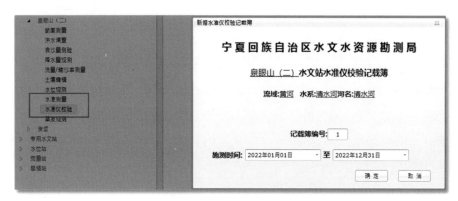

图 1-25 水准仪校验记载簿界面

在水准仪校验界面，点击右边操作栏【记载表】按钮，打开水准仪校验记载表界面，点击界面【新增】，打开新增水准仪校验数据界面，按照要求录入相关数据后，点击保存，如图 1-26 所示。

图 1-26 新增水准仪校验数据界面

在水准仪记载表界面右边的操作栏可以开展【计算】【上报】【修改】【删除】等操作如图 1-27 所示。

图 1-27　水准仪记载表界面

1.2.5.3　断面测量

点击【数据录入】菜单下的【监测数据】，在界面左侧导航栏选择站点，选择断面测量，然后点击左下角【新增记载簿】，建立记载簿，如图 1-28 所示。

注意：断面测量、洪水调查、含沙量测验、降水量观测、流量/输沙率测量、土壤墒情、水位观测、水准测量、水准仪校验、蒸发观测等各类要素，每年 1 月 1 日必须新建一个从 1 月1 日至 12 月 31 日的记载簿！

图 1-28　新建记载簿界面

建立记载簿后，显示断面测量界面，在该界面找到新建的记载簿，点击【记载表】，显示新增断面数据界面，如图1-29、图1-30所示。

图1-29　断面测量界面

图1-30　断面测量记载表界面

在新增断面数据界面按照界面提示，选择断面名称，输入相关测量信息，点击【确定】显示断面测量记载表界面，如图1-31所示。

在界面右上角点击【详情】在弹出界面里，点击【新增】根据"新增断面数据"界面。按照提示录入数据。

目标点：水准观测中零点高程里录入的水准点与水尺；直接在目标点中下拉选择；转点：为了测量，临时设立的点；需要人工录入名称。

转点兼目标点：将水准观测中零点高程里录入的水准点与水尺作为转

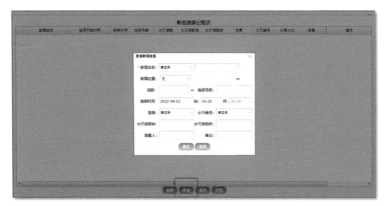

图 1-31 新增断面数据界面

点使用；直接在目标点中下拉选择。

尺型：4687 与 4787；4487 与 4587，默认 4687。

在断面详情界面，点击【删除】按钮，可以删除数据。点击断面测量记载簿主界面的【导出】按钮，可以将整个记载簿的内容导出。

1.2.5.4 洪水调查

点击【数据录入】菜单下的【监测数据】，在界面左侧导航栏选择站点，选择洪水调查，然后点击左下角【新增记载簿】，建立记载簿，如图 1-32 所示。

图 1-32 新增洪水调查数据界面

图 1-33　洪水调查记载表界面

创建成功后会出现列表，在右侧的操作栏点击【记载表】，显示洪水调查记载表，点击【新增】，出现新增洪水调查数据界面。点击【修改】按钮，打开修改断面洪水调查信息界面，点击修改页面【修改】按钮，信息保存成功。点击【关闭】，关闭修改窗口。点击【删除】按钮，可以对数据进行删除。点击【计算】按钮，可以对数据进行计算。计算后的数据会自动保存，如图 1-33、图 1-34 所示。

图 1-34　洪水调查测量记载界面

在洪水调查记载表右侧拖拽找到测量记载，点击【详情】，在测量记载界面，点击横断面按钮，打开新增横断面信息界面，按照要求依次添加测量数量，点击新增页面【确定】按钮，信息保存成功，如图1-35所示。

在测量记载界面，点击洪痕比降的按钮，打开修改洪痕比降信息界面，录入和修改洪痕比降数据，点击修改页面【修改】按钮，信息保存成功。点击按钮可以清除信息。

在测量记载界面，点击河床比降的按钮，打开新增河床比降信息界面，点击新增页面【确定】按钮，信息保存成功。点击按钮可以清除信息。

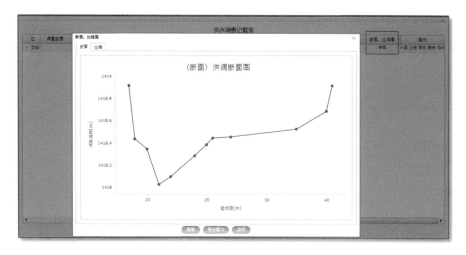

图1-35　洪调断面图

在洪水调查表界面，点击断面、比降图【详情】，就可显示洪调断面图。

1.2.5.5　水位测验

点击【数据录入】菜单下的【监测数据】，在界面左侧导航栏选择站点，选择水位观测，然后点击左下角【新增记载簿】，建立记载簿。

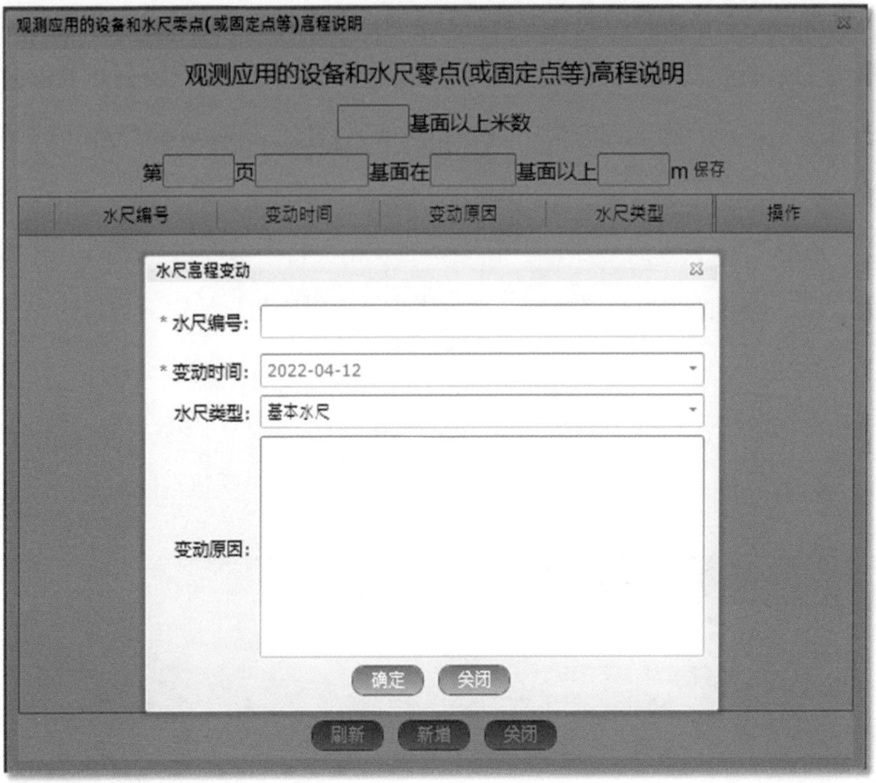

图 1-36　高程说明界面

在记载簿信息显示中选择一个记载簿，在右侧的操作栏，点击【高程说明】按钮，打开高程说明界面，录入相关考证信息，点击【确定】保存，如图 1-36 所示。

在记载簿信息显示中选择一个记载簿，在右侧的操作栏，点击【高程校测】按钮，打开水位观测高程校测查看页面。

在记载簿信息显示中选择一个记载簿，在右侧的操作栏，点击【记载簿】按钮，打开基本水尺水位观测记载表界面。在界面下方点击【新增】，显示新增水尺水位界面，选择水尺编号，按照要求录入相关数据信息，点击【保存】，保存数据。若水尺被毁坏，启动应急监测，不选择水尺编号，直接勾选水准仪，录入测得水位即可，如图 1–37 所示。

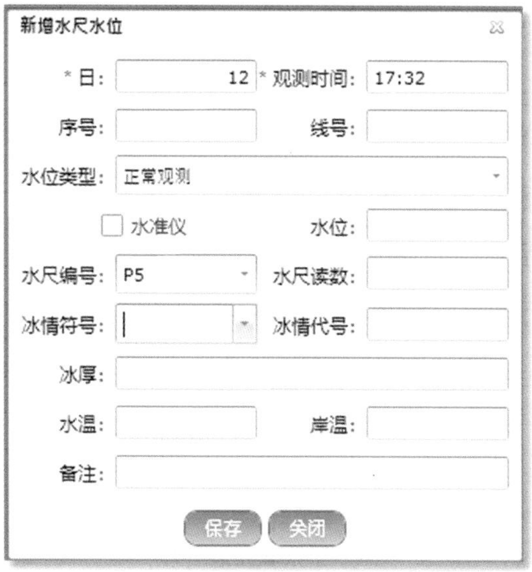

图 1–37　新增水尺水位界面

在基本水尺水位观测记载表界面，点击左上角的选项卡，点击【水位比测】，便可实时查看近期人工观测水位值、自动遥测水位值、数据差值的具体情况，便于通过比测提醒进行水位计传感器参数调整，如图 1–38 所示。

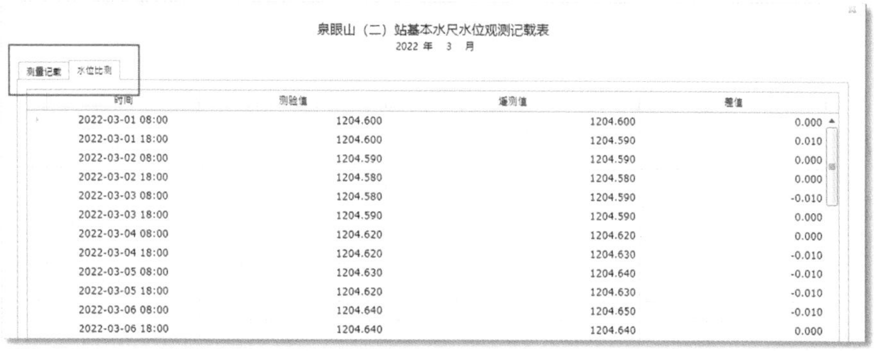

泉眼山（二）站基本水尺水位观测记载表

2022 年　3　月

测量记载　水位比测

时间	测验值	遥测值	差值
2022-03-01 08:00	1204.600	1204.600	0.000
2022-03-01 18:00	1204.600	1204.590	0.010
2022-03-02 08:00	1204.590	1204.590	0.000
2022-03-02 18:00	1204.580	1204.580	0.000
2022-03-03 08:00	1204.580	1204.590	-0.010
2022-03-03 18:00	1204.590	1204.590	0.000
2022-03-04 08:00	1204.620	1204.620	0.000
2022-03-04 18:00	1204.620	1204.630	-0.010
2022-03-05 08:00	1204.630	1204.640	-0.010
2022-03-05 18:00	1204.620	1204.630	-0.010
2022-03-06 08:00	1204.640	1204.650	-0.010
2022-03-06 18:00	1204.640	1204.640	0.000

图 1–38　水位比测界面

在记载簿信息显示中选择一个记载簿，在右侧的操作栏，点击【统计表】按钮，打开统计表查看界面。点击【统计】，显示统计数据，点击【保存】数据。点击【关闭】，关闭窗口，如图 1-39 所示。

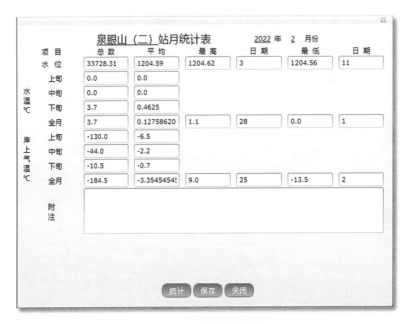

图 1-39　水位统计界面

点击【删除】按钮，可以对数据进行删除。上报流程同断面测量记载簿。

说明：水位观测记载表中，会将含沙量观测中的数据进行同步；其中日平均水位采用零点差值法与面积包围法进行计算。断面测量、流量测量、水准测量的表头数据中的水位高程会自动同步到水位记载表中！

1.2.5.6　含沙量测验

点击【数据录入】菜单下的【监测数据】，在界面左侧导航栏选择站点，选择含沙量测验，然后点击左下角【新增记载簿】，建立记载簿。在生成的记载簿信息右侧的操作栏点击【记载表】，显示含沙量测验处理记载表界面，如图 1-40 所示。

单样含沙量测验处理记载表

输沙率	单沙	施测时间	处理日期	测验方法	基本水尺水位(m)	起点距(m)	水深(m)	采样器位置相对	采样器位置测点深(m)	垂线编号	滤纸比重瓶编号	水样容积(cm3)	水温(℃)	滤纸烧杯重量(g)	(滤纸+沙)(烧杯+沙)重量(g)	(滤+清水)(瓶+清水)重量(g)	操作
	31	2022-01-31 08:00		过滤法		水位		水面		3		1680	3.39	5.57			查看 修改
	30	2022-01-30 08:00		过滤法		水位		水面		2		1680	3.46	6.52			查看 修改
	29	2022-01-29 08:00		过滤法		水位		水面		1		1720	3.43	7.26			查看 修改
	28	2022-01-28 08:00		过滤法		水位		水面		5		1710	3.42	7.37			查看 修改
	27	2022-01-27 08:00		过滤法		水位		水面		4		1740	3.24	7.06			查看 修改
	26	2022-01-26 08:00		过滤法		水位		水面		3		1840	3.33	8.46			查看 修改
	25	2022-01-25 08:00		过滤法		水位		水面		2		1740	3.37	7.77			查看 修改
	24	2022-01-24 08:00		过滤法		水位		水面		1		1780	3.32	8.49			查看 修改
	23	2022-01-23 08:00		过滤法		水位		水面		5		1720	3.09	6.61			查看 修改
	22	2022-01-22 08:00		过滤法		水位		水面		4		1640	3.08	6.42			查看 修改
	21	2022-01-21 08:00		过滤法		水位		水面		3		1730	3.19	6.78			查看 修改
	20	2022-01-20 08:00		过滤法		水位		水面		2		1640	3.43	7.11			查看 修改
	19	2022-01-19 08:00		过滤法		水位		水面		1		1840	3.26	7.12			查看 修改
	18	2022-01-18 08:00		过滤法		水位		水面		5		1660	3.43	7.13			查看 修改
	17	2022-01-17 08:00		过滤法		水位		水面		5		1710	3.49	7.21			查看 修改
	16	2022-01-16 08:00		过滤法		水位		水面		4		1860	7.84	12.14			查看 修改
	15	2022-01-15 08:00		过滤法		水位		水面		3		1660	3.59	6.91			查看 修改
	14	2022-01-14 08:00		过滤法		水位		水面		2		1690	3.54	6.78			查看 修改

刷新　烧杯　比重瓶　新增单沙　新增断沙　关闭

图 1-40　单样含沙量测验处理记载表界面

含沙量测验工作开展前要做好基础信息的数据维护，应用烧杯或比重瓶的测站每年汛前要开展烧杯和比重瓶率定工作，并在系统中维护录入烧杯和比重瓶数据信息，在后续含沙量测验计算中系统会根据控制信息自动调取基础数据参与计算。

在单样含沙量测验处理记载表界面下方点击【烧杯】按钮，打开烧杯

图 1-41　烧杯维护界面

管理界面，在右侧操作栏里点击【新增】，显示烧杯维护界面，录入相应数据，点击【确定】保存数据，如图1-41所示。

在单样含沙量测验处理记载表界面下方点击【比重瓶】按钮，打开比重瓶管理界面，在右侧操作栏里点击【新增】，显示比重瓶维护界面，输入瓶号，点击确定，增加新的比重瓶，如图1-42所示。

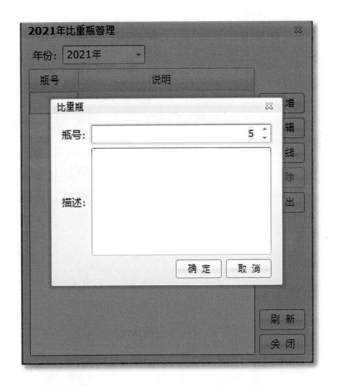

图1-42　比重瓶管理与瓶号新增界面

在比重瓶管理界面，选择相应的瓶号，点击【曲线】按钮，打开比重瓶检定曲线界面，如图1-43所示。

图 1-43　比重瓶曲线设置界面

在比重瓶检定曲线界面，点击【新增节点】按钮，默认为 0，点击即可修改，依次录入相应的比重瓶节点数据。点击【删除节点】删除多余的节点数据。点击【重置曲线】生成曲线，如图 1-44 所示。

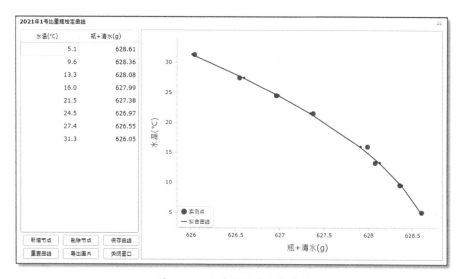

图 1-44　比重瓶检定曲线界面

在单样含沙量测验处理记载表界面下方，点击【新增单沙】按钮，显示新增含沙量信息界面，首先选择测验方法（测验方法包括：置换法、过滤法、烘干法、目测法及特殊情况等），然后输入相应测验数据信息，点击【保存】保存含沙量数据，如图 1-45 所示。

图 1-45 新增含沙量信息界面

在单样含沙量测验处理记载表界面下方，点击【新增断沙】按钮，显示新增断沙信息界面，首先选择测验方法（测验方法包括：置换法、过滤法、烘干法、目测法及特殊情况等），然后输入相应测验数据信息，点击【保存】保存断沙数据，如图 1-46 所示。

图 1-46 新增断沙信息界面

区别：新增含沙量与新增断沙界面类似，增加了确定是否单沙控制信息，默认为否。新增断沙要与对应的流量测验相对应，两个部分操作必须保持一致。

（1）流量/输沙率测验操作部分

在流量/输沙率测验资料录入时，在测深、测速记载及流量计算表界面左上角选择测流方法后，再点击下方【新增】，打开新增测深、测速及流量计算数据界面，在此界面测量输沙栏选择"是"，填写垂线取样方法，保存信息，如图1--47所示。

图 1-47　新增测深、测速及流量计算数据界面

信息保存后会在测深、测速记载及流量计算表界面新增一条数据信息，在该条信息的操作栏点击【详情】，显示测深、测速详情界面，在界面的下方点击【新增】，显示新增测深、测速及流量计算详细数据界面，在该界面依次录入相关数据，点击确定后，再点击【新增】，显示新增测

深、测速及流量计算详细数据界面，在界面右上角勾选测速、取样功能选项，录入相关数据（此时的起点数据必须与相对应的含沙量取样垂线一致），如图1-48所示。

图1-48　新增测深、测速及流量计算详细数据界面

（2）含沙量测验操作部分

在新增断沙信息界面，首先选择测验方法（测验方法包括：置换法、过滤法、烘干法、目测法及特殊情况等），然后输入相应测验数据信息，其中施测时间为下拉选择下拉框中的选项（选择流量/输沙率里已点击了取样的测次时间信息），点击【保存】保存断沙数据。

点击【修改】按钮，打开修改含沙量测验处理信息页面，点击修改页面【修改】按钮，信息修改成功。

1.2.5.7　流量/输沙率测验

点击【数据录入】菜单下的【监测数据】，在界面左侧导航栏选择站点，选择流量/输沙率测量，然后点击左下角【新增记载簿】，建立记载簿。在生成的记载簿信息右侧的操作栏点击【记载表】，显示测深、测速记载及流量计算表界面。

流量测验，首先要对流速仪、无喉堰、巴歇尔槽的基本数据信息进行维护，再开展其他数据录入计算任务。

（1）速仪法信息维护

在测深、测速记载及流量计算表界面下方，点击【流速仪】按钮，打开流速仪管理界面，可以查看流速仪基本信息，在此界面下方点击【新增】，在新增流速仪数据界面里录入相关数据信息，点击【确定】保存信息，如图1-49所示。

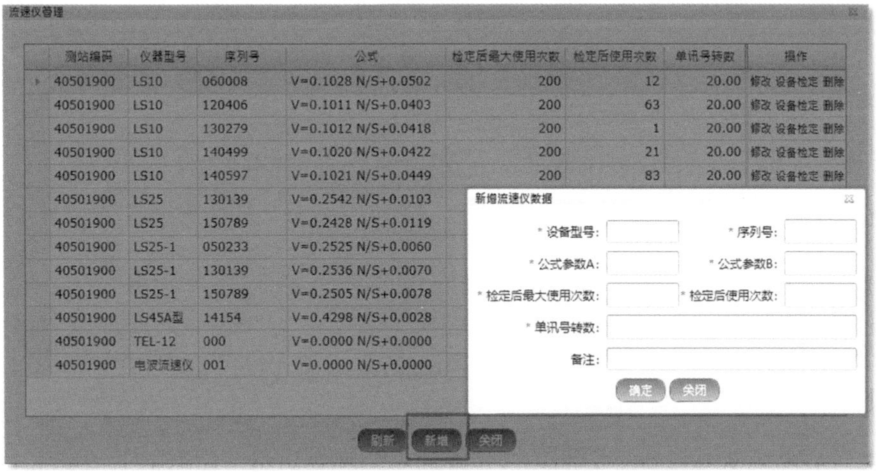

图 1-49 流速仪管理界面

在流速仪信息界面，点击【修改】按钮，打开流速仪信息界面。点击【删除】，删除该条流速仪信息。点击【设备检定】，打开设备检定信息界面。

（2）无喉堰信息维护

在测深、测速记载及流量计算表界面下方，点击【无喉堰】按钮，打开无喉堰管理界面，在此界面下方点击【新增】，在新增无喉堰界面里录入相关数据信息，点击【确定】保存信息，如图1-50所示。

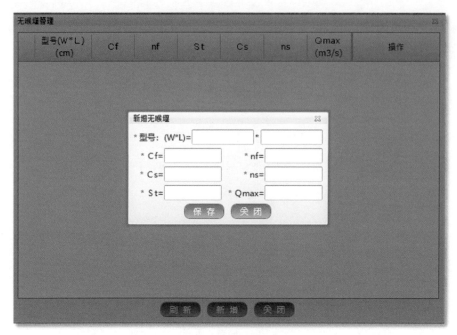

图 1-50　无喉堰管理界面

（3）巴歇尔槽信息维护

在测深、测速记载及流量计算表界面下方，点击【巴歇尔槽】按钮，打开巴歇尔槽管理界面，在此界面下方点击【新增】，在新增巴歇尔槽界面里录入相关数据信息，点击【确定】保存信息，如图 1-51 所示。

图 1-51　新增巴歇尔槽界面

（4）数据添加

点击【数据录入】菜单下的【监测数据】，在界面左侧导航栏选择站点，选择流量/输沙率测量，在生成的记载簿信息右侧的操作栏点击【记载表】，显示测深、测速记载及流量计算表界面，如图1-52所示。

在测深、测速记载及流量计算表界面，左上角【测流方法】选择测流方法，然后在此界面下方点击【新增】，打开"新增测深、测速及流量计算数据界面"，依次输入施测号数、开始结束时间、选择流速仪型号、输入停表牌号、水位记录、施测人等数据信息后，点击【保存】，就在测深、测速记载及流量计算表界面中形成一条新的施测信息，如图1-53所示。

图1-52 选择测流方法

图1-53 新增测深、测速及流量计算数据界面

在新形成施测信息右边操作栏点击【详情】，打开测深、测速详情界面，在下方点击【新增】，依次新增测流垂线信息，点击【确认】保存。数据录入完成后，在右边的操作栏点击【修改】，可以对各垂线数据进行修改，如图1-54所示。

测深	测速	取样	起点距	测得水深	相对位置	测点深	讯号数	总转数	总历时	测点流速	摩纹系数	垂线平均流速	部分平均流速	平均水深	间距(m)	测	操作
水边			0.00	0.00							0.800						修改
1	1		0.60	0.36	0.60	0.22	25	500.00	100.0	0.56		0.56	0.45	0.18	0.6	0.	修改
2	2		3.60	0.65	0.60	0.39	24	480.00	103.0	0.53		0.53	0.55	0.50	3.0	1.	修改
3	3		6.6	0.20	0.60	0.12	18	360.00	103.0	0.41		0.41	0.47	0.42	3.0	1.	修改
4	4		9.6	0.33	0.60	0.20	30	600.00	101.0	0.66		0.66	0.54	0.26	3.0	0.	修改
5	5		12.6	0.40	0.60	0.24	36	720.00	102.0	0.78		0.78	0.72	0.36	3.0	1.	修改
6	6		15.6	0.22	0.60	0.13	26	520.00	103.0	0.57		0.57	0.67	0.31	3.0	0.	修改
7	7		18.6	0.33	0.60	0.20	21	420.00	102.0	0.47		0.47	0.52	0.28	3.0	0.	修改
8	8		21.6	0.26	0.60	0.16	15	300.00	101.0	0.36		0.36	0.41	0.30	3.0	0.	修改
水边			23.6	0.00							0.800		0.28	0.13	2.0	0.	修改 删除

图1-54　测深、测速详情界面

流速仪法，点击【新增】按钮，打开新增流速仪法测深测速详情信息页面，点击新增页面【确定】按钮，信息保存成功。点击【关闭】，关闭新增窗口。

若一份流量使用两台以上流速仪，在测深、测速详情界面点击【混合流速仪】按钮，打开混合流速仪设置界面，点击【新增】，打开设置界面，按要求输入数据，测点数据就是指使用新流速仪的测点位置信息，点击【保存】。

在测深、测速记载及流量计算表界面，选择录入的施测信息右边操作栏，点击【计算】按钮，进行计算；点击【删除】按钮，删除该条记录；上报流程与断面测量相同。点击水道断面和流速分布图例的【查看】链接，会显示水道断面和流速分布图信息，可以勾选显示流速还是水深信息。可以同时显示，也可以只显示一个。同时可以勾选多个施测信息，进行制图。

水面浮标法：在测深、测速记载及流量计算表界面，选择主界面的测流方法（水面浮标法），点击【新增】按钮，打开新增水面浮标法测深测速记载及流量计算表信息页面，点击新增页面【确定】按钮，信息保存成功。点击【流速曲线】按钮，打开流速曲线信息页面，点击流速曲线页面【刷新】按钮，曲线信息将重新加载。点击【测深】按钮，界面显示借用断面后的信息。中泓浮标、小浮标法选择相应选项，基本操作同水面浮标法。

断面输沙率测量，在相应的操作栏选择取样垂线信息，操作详见含沙量章节。

1.2.5.8　降水观测

点击【数据录入】菜单下的【监测数据】，在界面左侧导航栏选择站点，选择降水量观测，然后点击左下角【新增记载簿】，建立当月的记载簿。

在生成的记载簿信息右侧的操作栏点击【封面】，打开降水量观测记载簿封面页面，修改封面信息点击【确定】，信息保存成功。

在生成的记载簿信息右侧的操作栏点击【记载表】，显示降水量观测记载表界面。在人工选项卡（自记设备已停用）点击【新增】，打开降水量添加界面，录入观测数据，点击【确定】，信息保存成功。

1.2.5.9　蒸发观测

点击【数据录入】菜单下的【监测数据】，在界面左侧导航栏选择站点，选择蒸发观测，然后点击左下角【新增记载簿】，建立当月的记载簿。

在生成的记载簿信息右侧的操作栏点击【记载表】，显示蒸发量观测记载表界面。

注意：蒸发观测数据录入首先要进行蒸发同步降水设置，这是计算日蒸发量的重要依据。系统默认1-4月、10-12月同步人工降水量数据，5-9月同步自记数据。

在蒸发量观测记载表界面下方点击【设置】，打开蒸发同步降水设置，根据实际，对一年的 12 个月的蒸发同步降水数据进行统一设置，点击【应用】保存设置，如图 1-55 所示。

图 1-55　蒸发同步降水界面

在蒸发量观测记载表界面左上角选择 20cm、E601 选项卡，下方点击【新增】，显示蒸发量添加界面，录入观测数据，点击【确定】保存数据。

1.2.5.10　土壤墒情

点击【数据录入】菜单下的【监测数据】，在界面左侧导航栏选择站点，选择土壤墒情，然后点击左下角【新增记载簿】，建立年度记载簿。

在生成的记载簿信息中点击操作栏的【记载表】，显示墒情测量记载表界面，在下方点击【新增】，在显示的界面里录入观测数据，点击【保存】保存数据。

1.2.6　遥测数据同步

在【水文测验】下拉菜单，【数据录入】点击【遥测数据同步】下的【遥测数据同步】，显示遥测数据同步界面，在左侧的设置条件栏，选择站点，在左侧设置条件栏下方选择数据类型，输入时间范围，"XXXX 年 XX 月-XXXX 年 XX 月"，如图 1-56 所示。

点击【同步】从遥测平台开始同步数据。

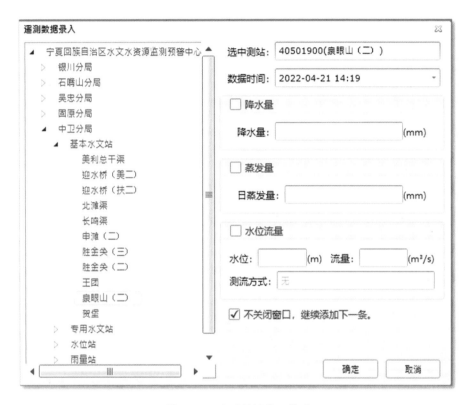

图 1-56 遥测数据录入界面

注意：遥测数据同步至测验平台后，会对非整点人工数据进行添加补录、错误数据进行清理删除。若已经同步过数据了，请慎重操作，操作将覆盖原同步的数据，导致重复开展相关数据录入和清理工作。

点击【新增】，显示遥测数据录入界面，在界面左侧选择站名，录入数据时间，录入相关要素数据，点击【确定】保存数据。

注意：遥测数据都是 5 分钟的整点数据，从 2020 年起宁夏全部采用遥测数据整编（仪器设备故障期采用人工数据），对于水位、流量、含沙量等人工施测时的非整点数据，必须录入同步至测验平台的数据库中。

点击【查询】，显示系统中所有同步的遥测数据。

点击【导出】按钮，会将右侧数据进行导出。

1.2.7　灌区维护

灌区维护功能是结合水资源监测和数据服务需求增加的功能模块。灌区维护功能包括：灌区实时、灌区日平均、灌区基本信息维护、灌区曲线信息维护菜单。

在【灌区维护】下拉菜单，【灌区曲线信息维护】，显示灌区曲线信息界面，在左侧选择站点，在下方点击【新增】，显示新增曲线基本信息界面，录入曲线编号，建立曲线信息，如图 1-57 所示。

在曲线信息列表的操作栏，点击【详情】，显示水位流量曲线记载表，点击下方的【新增】，依次录入水位流量关系曲线节点数据，点击【确定】

图 1-57　水位流量曲线记载表界面

保存。

在【灌区维护】下拉菜单，【灌区实时】，显示灌区实时界面，在左侧选择灌区渠道、入黄排水沟站点，输入开始、结束时间，点击下方【查询】，显示近期实时水位、流量数据。

在【灌区维护】下拉菜单，【灌区日平均】，显示灌区日平均界面，在左侧选择灌区渠道、入黄排水沟站点，输入日期（年月），点击下方【查询】，显示查询月每日平均水位、流量数据。

1.3 在线整编

1.3.1 整编数据源设置

从水文监测数据网络计算分析系统【系统管理】菜单，点击【整编定线】或输入网址 http://172.29.0.18:28889 进入宁夏水文资料整编系统。在水文资料整编界面点击【资料录入】，显示资料录入界面，在左侧上方选择资料年份、测站类别。测站类别为水文水位站时，输入或选择站点，在左下方原始资料栏内，双击【数据源设置】选项，在右侧显示该站数据源设置界面，以月为单位，在数据源栏点击选择使用人工、遥测自记的数据类型，填写完成后点击【保存】，保存设置，如图 1-58 所示。

当测站类别为降水蒸发站时，输入或选择站点，在左下方原始资料栏内，双击【数据源设置】选项，在右侧显示该站数据源设置界面，以月为单位，在数据源栏点击选择使用人工、遥测自记的数据类型，填写完成后点击【保存】，保存设置，如图 1-59 所示。

图 1-58　整编水文水位站数据源设置界面

图 1-59　降水蒸发站整编数据源设置界面

1.3.2　同步原始数据

1.3.2.1　基面转换设定

参阅 1.2.5.1 水准测量——【基础转换值】设定的部分内容进行设置。

1.3.2.2 水文水位站数据同步

（1）水位沙量过程

图 1-60 水文水位站水位沙量过程界面

在水文资料整编界面点击【资料录入】，显示资料录入界面，在左侧上方选择资料年份、测站类别。测站类别为水文水位站时，输入或选择站点，在左下方原始资料栏内，双击【水位沙量过程】选项，在右侧显示该站水位沙量过程界面，如图 1-60 所示。

选择时段，点击【同步】，会将数据从测验数据库抽取过来，并在界面显示。点击【新增】，弹出新增水位沙量过程，根据要求输入水位流量沙量过程信息，填写完成后点击【保存】。

注意：新增数据功能，用于插入平移的数据。同步的测验平台数据不支持编辑，可以进行删除操作，新增的数据可以编辑修改，如图 1-61 所示。

图1-61　同步水位沙量过程界面

（2）实测流量成果表同步

在水文资料整编界面点击【资料录入】，显示资料录入界面，在左侧上方选择资料年份、测站类别。测站类别为水位水文站时，输入或选择站点，在左下方原始资料栏内，双击【实测流量成果表】选项，在右侧显示该站实测流量成果表界面，操作与水位水量过程数据同步类似。

注意：实测大断面、逐日水温表、冰厚及冰情要素摘录表等其他成果数据同步与上述操作相似。

1.3.2.3　降水蒸发站数据同步

在水文资料整编界面点击【资料录入】，显示资料录入界面，在左侧上方选择资料年份、测站类别。测站类别选择：降水蒸发站，输入或选择站点，在左下方原始资料栏内，双击【降水过程信息】选项，在右侧显示该站降水过程信息表界面，操作与水位水量过程数据同步类似。

注意：逐日水面蒸发量等数据同步类似。

1.3.3　网络定线

1.3.3.1　网络定线基本操作

第一步：从水文监测数据网络计算分析系统【系统管理】菜单，点击【整编定线】或输入网址 http://172.29.0.18:28889 进入宁夏水文监测数据网络计算分析系统，如图 1-62 所示。

图1-62　水文监测数据网络计算分析系统

第二步：在系统主界面，点击右上方的关系曲线，显示关系曲线界面。在左侧关系曲线导航，选择相应的年份和测站（可以输站名、站码直接搜索），再点击下方的水位流量关系曲线，进入到宁夏水文资料整编界面，如图 1-63 所示。

图 1-63　宁夏水文资料整编界面

第三步：进入工作页面后点击自定义分线键，弹出新增自定义分线（流量）界面，输入整编好的推流时段，如图 1-64，点击【添加时间范围】

【删除时间范围】分别为添加时间段跟删除时间段，输入完成后点击【保存】保存数据，如图 1-65 所示。

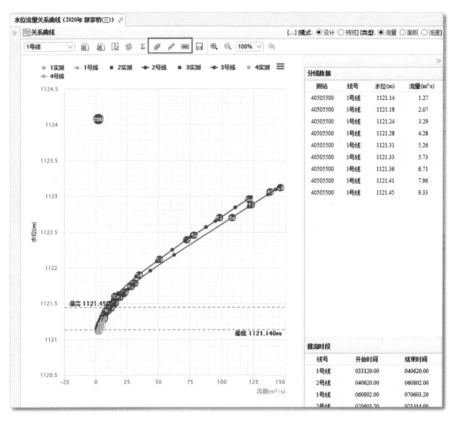

图 1-64　水位流量关系曲线界面

图 1-65　新增自定义分线（流量）界面

第四步：点击水位流量关系曲线界面操作栏的【分线节点拖拽】按钮，拖拽节点进行定线，如图1-66所示。

图1-66 关系曲线操作栏

第五步：曲线调整定线完成后，关系曲线操作栏点击【保存】，保存分线。

第六步：点击关系曲线操作栏"Σ"【检验分线合理性键】进行三项检验，进入网页版三项检验界面，如图1-67所示。

在三项检验界面，左侧检验参数操作栏，选择要检验的线【线号】，然后点击【推算节点】推算流量节点，再点击【三种检验】，右侧就显示三项检验结果，查看是否合理，若不合理，返回第四步继续调整曲线。

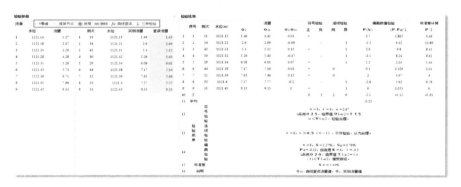

图1-67 三项检验界面

1.3.3.2 定线常见问题

（1）实测点没有显示在关系曲线定线界面上怎么办？

进入水文监测数据网络计算分析系统，点击【水文测验】——【数据录入】——【监测数据】，进入左侧设置条件栏选择站点，点击【流量/输沙率流量】，在右侧操作栏【记载簿】，进入测深、测速及流量计算表界面，在对应的流量测次信息右侧操作栏点击【上报】实测流量，然后实测点就显示在网络点定线界面，如图 1-68 所示。

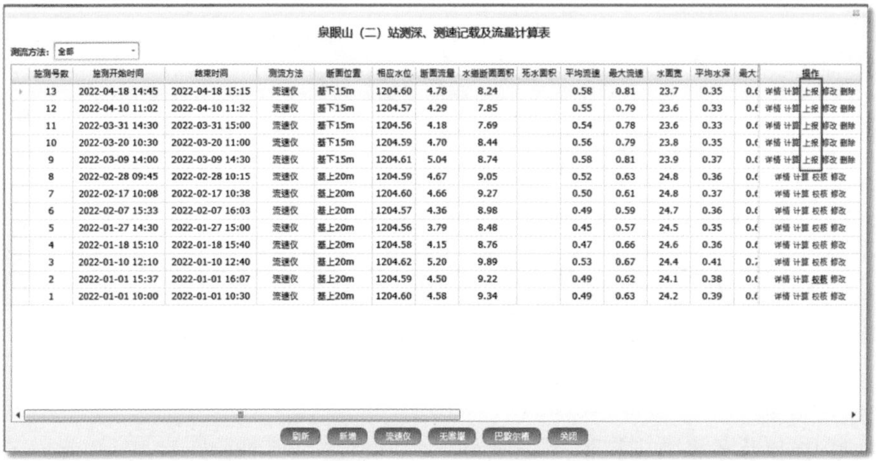

泉眼山（二）站测深、测速记载及流量计算表

测流方法：全部

施测号数	施测开始时间	结束时间	测流方法	断面位置	相应水位	断面流量	水道断面面积	死水面积	平均流速	最大流速	水面宽	平均水深	最大	操作
13	2022-04-18 14:45	2022-04-18 15:15	流速仪	基下15m	1204.60	4.78	8.24		0.58	0.81	23.7	0.35	0.6	详情 计算 上报 修改 删除
12	2022-04-10 11:02	2022-04-10 11:32	流速仪	基下15m	1204.57	4.29	7.85		0.55	0.79	23.6	0.33	0.6	详情 计算 上报 修改 删除
11	2022-03-31 14:30	2022-03-31 15:00	流速仪	基下15m	1204.56	4.18	7.69		0.54	0.78	23.6	0.33	0.6	详情 计算 上报 修改 删除
10	2022-03-20 10:30	2022-03-20 11:00	流速仪	基下15m	1204.59	4.70	8.44		0.56	0.79	23.8	0.35	0.6	详情 计算 上报 修改 删除
9	2022-03-09 14:00	2022-03-09 14:30	流速仪	基下15m	1204.61	5.04	8.74		0.58	0.81	23.9	0.37	0.6	详情 计算 上报 修改 删除
8	2022-02-28 09:45	2022-02-28 10:15	流速仪	基上20m	1204.59	4.67	9.05		0.52	0.63	24.8	0.36	0.6	详情 计算 校核 修改
7	2022-02-17 10:08	2022-02-17 10:38	流速仪	基上20m	1204.60	4.66	9.27		0.50	0.61	24.8	0.37	0.6	详情 计算 校核 修改
6	2022-02-07 15:33	2022-02-07 16:03	流速仪	基上20m	1204.57	4.36	8.98		0.49	0.59	24.7	0.36	0.6	详情 计算 校核 修改
5	2022-01-27 14:30	2022-01-27 15:00	流速仪	基上20m	1204.56	3.79	8.48		0.45	0.57	24.5	0.35	0.6	详情 计算 校核 修改
4	2022-01-18 15:10	2022-01-18 15:40	流速仪	基上20m	1204.58	4.15	8.76		0.47	0.66	24.6	0.36	0.6	详情 计算 校核 修改
3	2022-01-10 12:10	2022-01-10 12:40	流速仪	基上20m	1204.62	5.20	9.89		0.53	0.67	24.4	0.41	0.7	详情 计算 校核 修改
2	2022-01-01 15:37	2022-01-01 16:07	流速仪	基上20m	1204.59	4.50	9.22		0.49	0.62	24.1	0.38	0.6	详情 计算 校核 修改
1	2022-01-01 10:00	2022-01-01 10:30	流速仪	基上20m	1204.60	4.58	9.34		0.49	0.63	24.2	0.39	0.6	详情 计算 校核 修改

刷新 新增 流速仪 无测量 巴歇尔槽 关闭

图 1-68　测深、测速记载及流量计算界面

（2）三线检验时查读流量错误，怎么办？

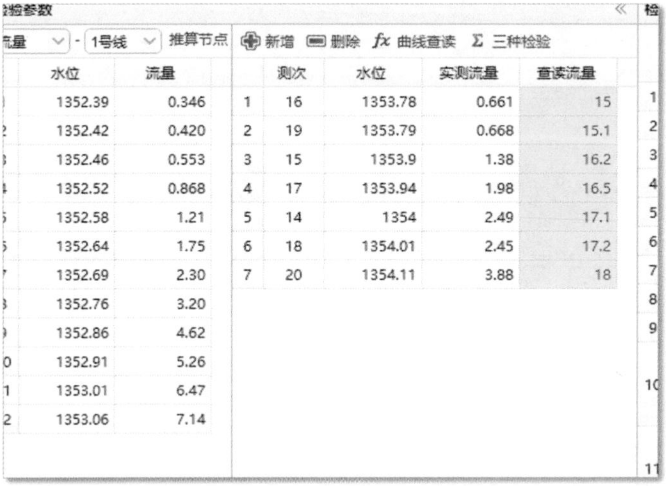

检验参数

流量 · 1号线 推算节点 新增 删除 fx 曲线查读 Σ 三种检验

	水位	流量
	1352.39	0.346
	1352.42	0.420
	1352.46	0.553
	1352.52	0.868
	1352.58	1.21
	1352.64	1.75
	1352.69	2.30
	1352.76	3.20
	1352.86	4.62
0	1352.91	5.26
1	1353.01	6.47
2	1353.06	7.14

	测次	水位	实测流量	查读流量
1	16	1353.78	0.661	15
2	19	1353.79	0.668	15.1
3	15	1353.9	1.38	16.2
4	17	1353.94	1.98	16.5
5	14	1354	2.49	17.1
6	18	1354.01	2.45	17.2
7	20	1354.11	3.88	18

图 1-69　三项检验界面

出现这种问题是由基面转换引起的。

第一步：在水文监测数据网络计算分析系统，点击【数据录入】菜单下的【监测数据】，在界面左侧导航栏选择站点，选择水准测量，在右侧记载簿操作栏，点击【零点高程】，在水准点及水尺零点高程表界面，修改对应站点的零点高程点击【取消】，选择需要设置的高程基面转换水准点，点击【设置】按钮，弹出确认页面，点击【确认】即可设置当前水准点高程差为整编时的基面变换值，如图1-69、图1-70所示。

泉眼山（二）站水准点及水尺零点高程表

编号	类型	原高程	原基面	使用高程	使用基面	位置	最新使用高程	操作
基1	水准点	1211.439	大沽	1210.203	85基准	基本水尺断面		设置 高程校测 修改
基2	水准点	1211.952	大沽	1210.716	85基准	距基1东北约!		设置 高程校测 修改
校6	水准点	1212.979	大沽	1211.743	85基准	基本水尺断面		设置 高程校测 修改
校7	水准点	1209.518	大沽	1208.282	85基准	右岸台阶上		设置 高程校测 修改
P1	基本水尺	1210.40	大沽	1209.16	85基准	右岸		设置 高程校测 修改
P2	基本水尺	1209.06	大沽	1207.82	85基准	右岸		设置 高程校测 修改
P3	基本水尺	1207.78	大沽	1206.54	85基准	右岸		设置 高程校测 修改
P4	基本水尺	1206.50	大沽	1205.26	85基准	右岸		设置 高程校测 修改
P5	基本水尺	1205.21	大沽	1203.97	85基准	右岸		设置 高程校测 修改
P6	基本水尺	1204.54	大沽	1203.30	85基准	右岸		设置 高程校测 修改
SL1	比降水尺	1210.70	大沽	1209.46	85基准	右岸		设置 高程校测 修改
SL2	比降水尺	1209.48	大沽	1208.24	85基准	右岸		设置 高程校测 修改
SL3	比降水尺	1208.30	大沽	1207.06	85基准	右岸		设置 高程校测 修改
SL4	比降水尺	1206.99	大沽	1205.75	85基准	右岸		设置 高程校测 修改
SL5	比降水尺	1205.53	大沽	1204.29	85基准	右岸		设置 高程校测 修改
SU1	比降水尺	1210.77	大沽	1209.53	85基准	右岸		设置 高程校测 修改
SU2	比降水尺	1209.32	大沽	1208.08	85基准	右岸		设置 高程校测 修改

刷新　新增　关闭

图1-70　水准点及零点高程表界面

第二步：在宁夏水文资料整编系统界面上方点击【资料录入】菜单，在资料录入界面，同步水位沙量过程、实测流量成果表。具体操作按1.3.2同步原始数据的操作进行。

第三步：再次操作曲线三项检验。具体操作按1.3.3.1网络定线基本操作"第六步"进行。

（3）怎样删除多余节点？

第一步：在水文资料整编系统主界面，点击右上方的关系曲线，显示关系曲线界面。在左侧关系曲线导航，选择相应的年份和测站（可以输站名、站码直接搜索），再点击下方的水位流量关系曲线，进入水位流量关系曲线界面。选中你要编辑的那条曲线。

第二步：曲线被激活变虚线后，双击你要删除的节点，弹出移除数据点界面。

第三步：点击移除数据点就好了，如图1-71所示。

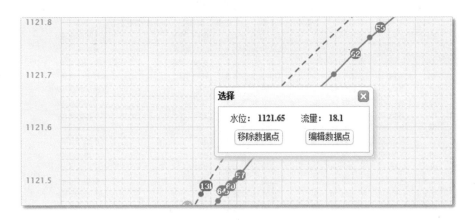

图1-71　移除数据点界面

（4）怎样新增节点？

第一步：在水文资料整编系统主界面，点击最右上方的关系曲线，显示关系曲线界面。在左侧关系曲线导航，选择相应的年份和测站（可以输站名、站码直接搜索），再点击下方的水位流量关系曲线，进入水位流量关系曲线界面，选中你要编辑的那条曲线。

第二步：点击【分线节点拖拽】启动该条曲线的编辑功能，如图1-72所示。

图 1-72　水位流量关系曲线定线界面

第三步：曲线激活变成虚线，在曲线需要添加节点的位置，双击鼠标左键，就可以增加节点。

1.3.4　整编数据源生成

1.3.4.1　系统在线整编

在宁夏水文资料整编系统界面上方点击【资料整编】菜单，显示资料整编界面，在资料整编界面左侧选择年份、测站类型，输入站名，点击【检索】，在出现的站名信息里点击选择该站，在下方操作栏内选择需要整编的月份，点击【整编计算】即可进行在线整编，如图 1-73 所示。

注意：在线整编前要保证网络定线、推流控制信息、节点数据均同步录入完成。

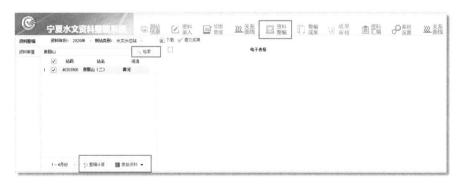

图 1-73　资料整编界面

1.3.4.2 南方片资料整编数据源导出

在宁夏水文资料整编系统界面，点击【资料整编】，显示资料整编界面，在左侧上方选择资料年份、测站类别。测站类别为水文水位站时，输入或选择站点，在资料整编界面左侧选择年份、测站类型，输入站名，点击【检索】，在出现的站名信息里点击选择该站。在左下角选择导入的时间范围，再点击【原始资料】，选择【南方片格式】，在弹出的提示框里点击【确定】导出数据文件。

2 资料整编与汇编系统应用

2.1 南方片整编软件安装

2.1.1 准备阶段

2.1.1.1 启用管理员账户

使用管理员账户安装，安装后直接登录系统，非管理员账号安装完成后，会无法登录软件。如果之前安装过 SQL2000 后来又卸载，需要删除 C:\Pro gram Files（x86）\Microsoft SQL Server 文件夹或者 C:\Program Files\Microsoft SQL Server 文件夹。

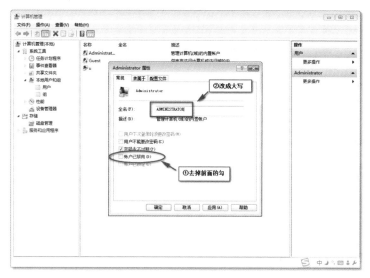

图 2-1 启用管理员账号界面

在桌面计算机图标，点击鼠标右键，在弹出的菜单里点击【管理】，打开计算机管理界面，在界面左侧计算机管理功能导航栏——系统工具栏里，点击【本地用户和组】，再双击【用户】文件夹，找到 Administrator 双击或点击鼠标右键选择【属性】进行如下操作，点击去掉 Administrator 下的禁用账户前面的勾，如图 2-1 所示。

然后重启管理员账号 Administrator 或者 ADMINISTRATOR 登录。

2.1.1.2　兼容性设置

第 1 步：找到安装文件包所在的存储盘位置，存储盘盘符：\SQL server\SQL server\Microsoft SQL Server 2000 Enterprise Edition（Personal Edition）\x86\setup 中的 setupsql.exe 文件，如图 2-2 所示。

名称	修改日期	类型	大小
layout.bin	2000/9/2 3:22	BIN 文件	1 KB
license.txt	2000/7/31 23:02	文本文档	1 KB
msetup.exe	2000/4/28 15:21	应用程序	356 KB
os.dat	1998/7/28 8:41	DAT 文件	1 KB
setup.bmp	2000/8/18 8:55	BMP 图像	151 KB
setup.dbg	2000/8/7 2:54	DBG 文件	138 KB
setup.ini	2000/9/16 4:07	配置设置	1 KB
setup.ins	2000/8/7 2:54	INS 文件	400 KB
setup.lid	2000/9/2 3:20	LID 文件	1 KB
setupsql.exe	2000/8/6 16:50	应用程序	97 KB
SETUPSQL.rll	2000/8/18 8:55	应用程序扩展	28 KB
sqlresld.DLL	2000/8/18 8:56	应用程序扩展	29 KB
sqlservr.dbd	2000/8/18 7:44	DBD 文件	404 KB
sqlservr.ini	2008/12/10 11:20	配置设置	1 KB
sqlspost.ini	2000/7/14 15:12	配置设置	2 KB
sqlspre.ini	2000/7/14 15:12	配置设置	3 KB
sqlstp.exe	1999/1/13 3:42	应用程序	72 KB
stpsilnt._ex	2000/4/28 15:26	_EX 文件	544 KB
zdatai51.dll	2000/4/28 15:26	应用程序扩展	52 KB

（③安装文件）

图 2-2　安装文件示意图

第 2 步：安装前右键 setupsql.exe 文件属性，按文件属性设置对话框的提示进行设置，点击【确定】，保存设置，如图 2-3 所示。

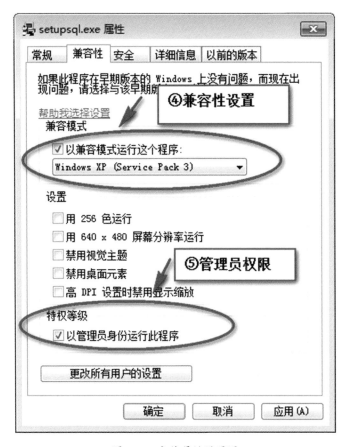

图 2-3 文件属性设置图

2.1.1.3 修改数据执行保护设置

以上设置完成后，在安装阶段双击 setupsql.exe 后电脑没有反应，无法进行后续步骤，这是由于数据执行保护设置有问题。

首先，在桌面我的电脑点击右键，选择【属性】，显示计算机属性设置界面，在界面里找到并点击【高级系统设置】（选择高级系统设置，选择高级），显示系统属性界面，在上方点选【高级】选项卡，在性能设置栏，点击【设置】，显示性能选项界面，在上方点选【数据执行保护】，必须选中"仅为基本的 Windows 程序和服务启用 DEP（T）"，如图 2-4 所示。

图 2-4 修改数据执行保护设置图

2.1.1.4 关闭安全软件

如果系统是 Windows XP 系统，安装前先退出所有的杀毒软件和系统管家，例如 360 杀毒软件或者金山杀毒软件等。

2.1.2 安装 SQL SERVER2000

2.1.2.1 安装步骤

第 1 步：找到安装文件包所在的存储盘位置，存储盘盘符：\SQL server\SQL server\Microsoft SQL Server 2000 Enterprise Edition（Personal Edition）\x86\setup 中的 setupsql.exe 文件。双击运行程序，如图 2-5 所示。

安装时会弹出程序兼容性助手界面，若出现此界面，直接点击【运行程序】，启动安装即可，如图 2-6 所示。

图 2-5 安装启动图

图 2-6 程序兼容性设置图

第 2 步：安装过程中，有时会有错误提示，如图 2-7 所示。

解决办法：找到安装文件包所在的存储盘位置，存储盘盘符：\SQL

server\SQL server\Microsoft SQL Server 2000 Enterprise Edition（Personal Edition）\x86\setup 中的【解决 SQL 挂起问题.reg】文件，双击运行补丁（.reg）解决挂起问题，如图 2-8 所示。

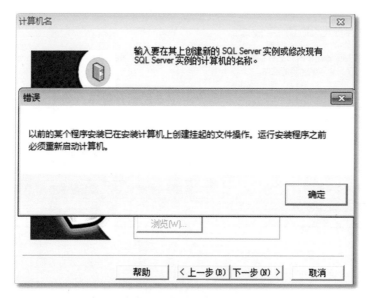

图 2-7　错误信息处理图

图 2-8　运行补丁程序图

第 3 步：选择安装位置。

选择数据库安装位置，一般选择【本地计算机】，单击【下一步】继续安装，如图 2-9 所示。

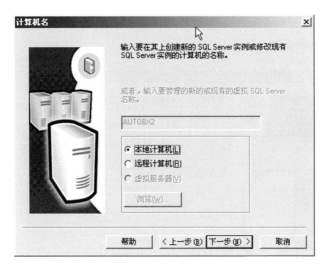

图 2-9 安装位置设置图

第 4 步：设置安装选项。

安装选项设置，设置为默认的【创建新的 SQL Server 实例，或安装客户端工具】，单击【下一步】继续安装，如图 2-10 所示。

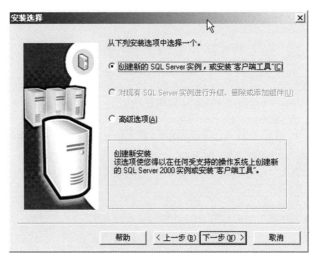

图 2-10 安装选项设置图

第5步：输入用户信息。

输入用户信息，可以采用默认值，也可以按照需要进行修改，单击【下一步】继续安装，如图2-11所示。

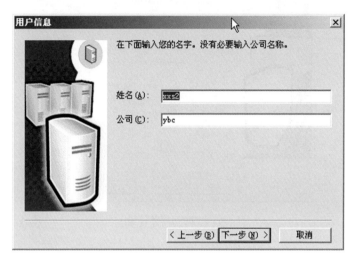

图 2-11 用户名设置图

第6步：协议确认。

许可协议确认，必须点击【是】继续安装，如图2-12所示。

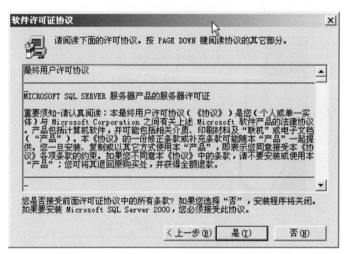

图 2-12 协议设置图

第 7 步：设置安装类型。

设置安装类型，必须设置为【服务器和客户端工具】，单击【下一步】继续安装，如图 2-13 所示。

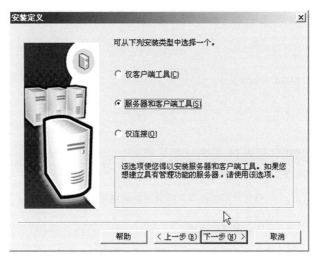

图 2-13　安装类型设置图

第 8 步：创建实例。

创建实例，选择【默认】，单击【下一步】继续安装，如图 2-14 所示。

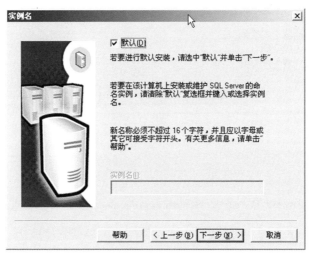

图 2-14　实例创建图

第9步：选择安装目录。

选择 SQL Server 系统程序和数据库文件的存放目录，程序文件可以采用默认值，但数据库文件最好不要安装在操作系统所在的盘上（一般是 C 盘）。

在弹出的安装类型界面里，选择【典型】，在【目的文件夹】——【数据文件】处，点击【浏览】，选择存储位置，点击【确定】保存设置，设置完成后单击【下一步】继续安装，如图 2-15 所示。

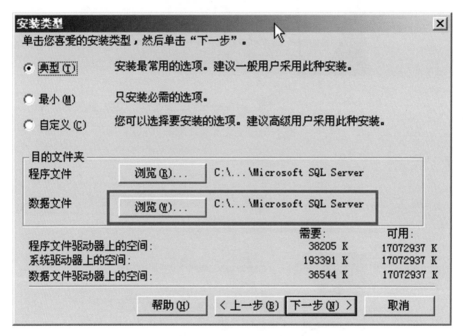

图 2-15 安装位置设置图

第10步：设定服务账号。

设定服务启动账号，选择【对每个服务器使用同一账号。自动启动 SQL Server 服务】，服务设置里点选【使用本地系统账户】，单击【下一步】继续安装，如图 2-16 所示。

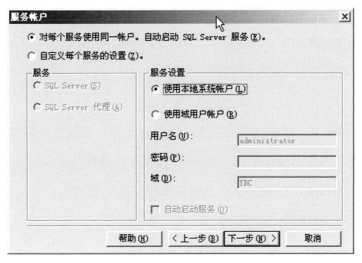

图 2-16　设置服务账号图

第 11 步：选择身份验证模式。

在弹出的身份验证界面，必须选择【Windows 身份验证】，不能勾选混合模式，不能勾选空密码，如图 2-17 所示。

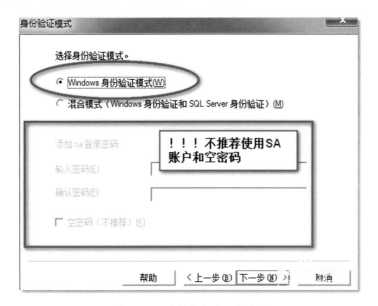

图 2-17　选择身份验证模式图

第 12 步：系统提示的安装流程全部结束以后，必须重新启动电脑，完成数据库安装。

2.1.2.2 拒绝安装 SQL2KSP4 补丁

注意事项：不能安装 SQL2KSP4 补丁!!!

SQL SERVER2000 不用安装补丁也可以运行，安装 SQLSERVER SP4 补丁打开了 SQL2KSP4 补丁，相当于打开了系统远程登录功能，非常容易中毒。南方片软件只使用 SQL SERVER2000 单机版功能，所以非常不建议安装SQL SERVER SP4 补丁。

2.1.3 SQL Server 2000 的简单操作

本节主要讲解新建数据库、分离数据库、附加数据库。

2.1.3.1 新建数据库

在计算机左下角点击【开始】，在程序导航栏里找到点击【Microsoft SQL Server】，在右侧的菜单里点击【企业管理器】 ，打开企业管理器界面，如图 2-18 所示。

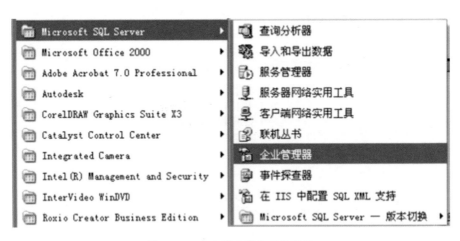

图 2-18 企业管理器打开位置图

图2-19 企业管理器图

在企业管理器界面左侧的【控制台根目录】，找到【数据库】点击右键【新建数据库】，显示数据库属性设置界面，在【常规】选项卡的名称栏里，输入数据库名称，点击【确定】保存设置，如图2-19、图2-20所示。

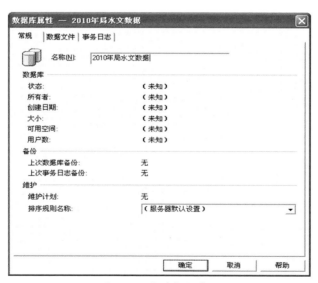

图 2-20 新建数据库图

在数据库设置界面，选定新建的数据库名称，以高亮显示后，在界面的功能栏点击【工具】菜单，点击【SQL 查询分析器 (&Q)】，打开查询文件界面，如图 2-21 所示。

图 2-21　数据库设置界面

在查询文件界面查找范围里，在【南方片安装目录的 Data 目录】里，点选【shdp 脚本文件（2.0.0.4）.sql】，点击【打开】，装载脚本文件，如图 2-22 所示。

图 2-22　装载脚本文件图

在 SQL 查询分析器界面，【查询】菜单点击【执行查询】或按 F5 执行查询，如图 2-23 所示。

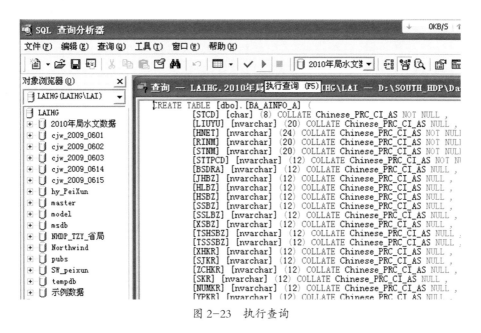

图 2-23　执行查询

查询完毕后，关闭退出 SQL 查询分析器，数据库新建流程完毕。

找到数据库存储盘，存储盘符：\Microsoft SQL Server\MSSQL\Data\，查看新建数据库文件位置，如图 2-24 所示。

图 2-24　新建数据库文件位置查看

2.1.3.2　分离数据库

分离数据库的作用是，使数据库文件与服务器断开，即可拷贝、剪切数据库文件。

在计算机左下角点击【开始】，在程序导航栏里找到点击【Microsoft SQL Server】，在右侧的菜单里点击【企业管理器】，打开企业管理器界面，如图 2-25 所示。

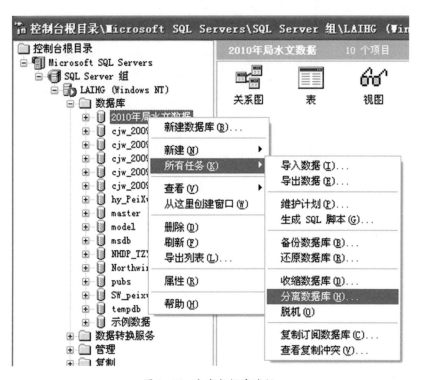

图 2-25　分离数据库路径

在企业管理器界面左侧的【控制台根目录】，找到点击【数据库】，找到点选需要分离的数据库，点击右键菜单里的【所有任务】，在弹出的右侧菜单里点击【分离数据库】，显示分离数据库界面，点击【确定】将数据库与服务器分离，便于数据库文件复制与应用，如图 2-26 所示。

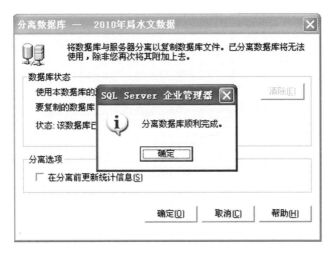

图 2-26　分离数据库结果

2.1.3.3　附加数据库

附加数据库的作用是，使数据库文件与服务器连接，即可使用软件管理数据库数据。

在企业管理器界面左侧的【控制台根目录】，找到【数据库】点击右键，点击右键菜单里的【所有任务】，在弹出的右侧菜单里点击【附加数据库】，显示附加数据库界面，如图 2-27 所示。

图 2-27　附加数据库流程

　　在附加数据库界面，点击功能键，找到存放数据库文件的目录，选定要附加数据库文件（后缀名 MDF），点击【确定】将数据库文件附加到服务器，便于数据库服务器调用使用数据库文件数据，如图 2-28 所示。

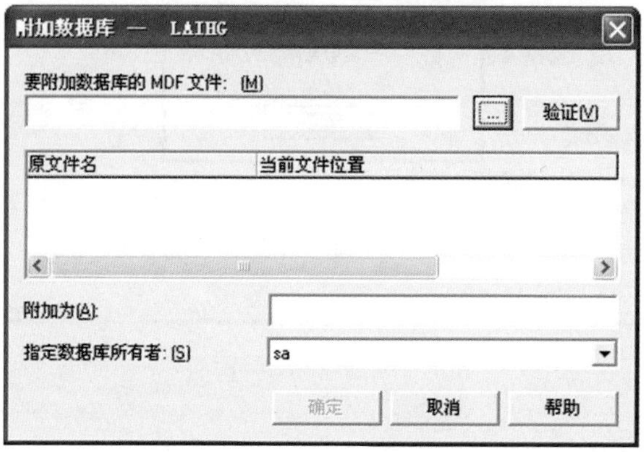

图 2-28　附加数据库保存

　　查看附加数据库位置，如图 2-29 所示。

图 2-29　附加数据库保存

选定数据库文件后，点击"确定"，附加数据库完成，如图2-30所示。

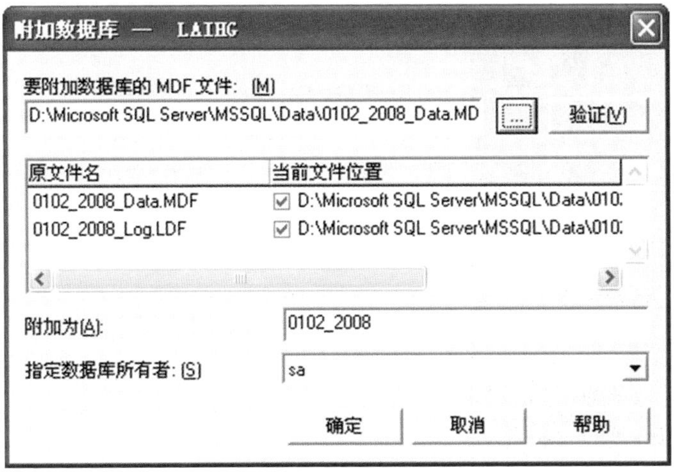

图2-30　附加数据库配置

2.1.3.4　安装水文整编程序

第1步：找到安装文件包所在的存储盘位置里的"水文资料整编系统shdpl.exe"文件，在安装exe文件上，点击右键，选择【属性】，显示该文件的属性设置界面，点击上方【兼容性】选项卡，在兼容模式栏必须点选【以兼容模式运行这个程序】，在下拉选项里选择【Windwows XP（Service Pack 3）】，在特权等级栏必须点选【以管理员身份运行此程序】，再双击安装文件进行安装，安装密码是cjwswj，如图2-31、图2-32所示。

图2-31　安装文件

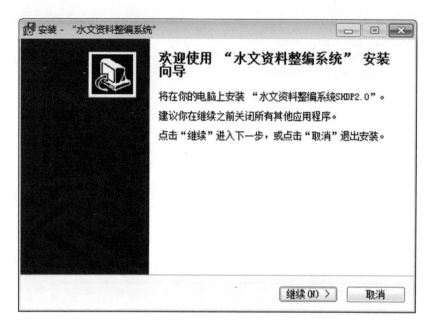

图 2-32　安装向导界面

第 2 步：安装过程中若有提示界面，点击【是】初始的数据文件附加成功，显示完成"水文资料整编系统"安装向导界面，如图 2-33、图 2-34 所示。

第 3 步：点击【是，立即重启电脑】，完成安装，如图 2-35 所示。

图 2-33　安装提示

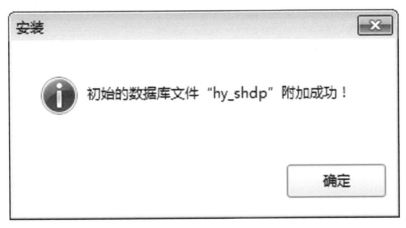

图 2-34　数据文件附加成功

图 2-35　安装完成提示

2.1.4　安装使用设置

在南方片安装程序.rar\ 南方片安装程序 \ 整编软件界面调整文件夹中，有两个注册表文件，双击【整编软件界面调整（16：9）.reg】使用注册表文件，如图 2-36 所示。

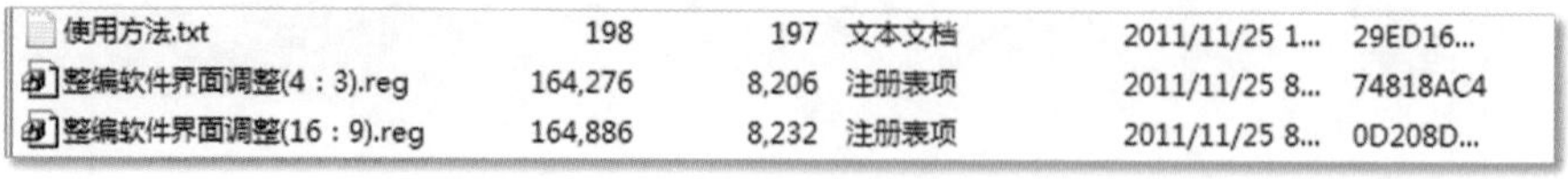

使用方法.txt	198	197	文本文档	2011/11/25 1...	29ED16...
整编软件界面调整(4：3).reg	164,276	8,206	注册表项	2011/11/25 8...	74818AC4
整编软件界面调整(16：9).reg	164,886	8,232	注册表项	2011/11/25 8...	0D208D...

图 2-36　注册表文件使用

2.1.4.1　属性设置

水文整编软件只能使用 SQL Server 2000 单机版功能，如果安装时启用了 sa 账户，实际上开启了网络功能，容易使系统中毒，所以必须要关闭 sa 账号。安装完成后请检查 SQL Server 2000 的设置。

在计算机左下角点击【开始】，在程序导航栏里找到点击【Miscrosoft SQL Server】，在右侧菜单里点击【企业管理器】，打开企业管理器界面，如图 2-37 所示。

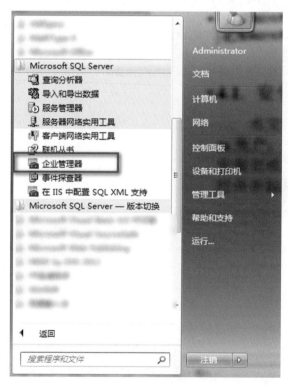

图 2-37　企业管理器菜单

在企业管理器界面左侧的【控制台根目录】，找到【(local)　(Windows NT)】，点击右键菜单里的【属性】，如图 2-38 所示。

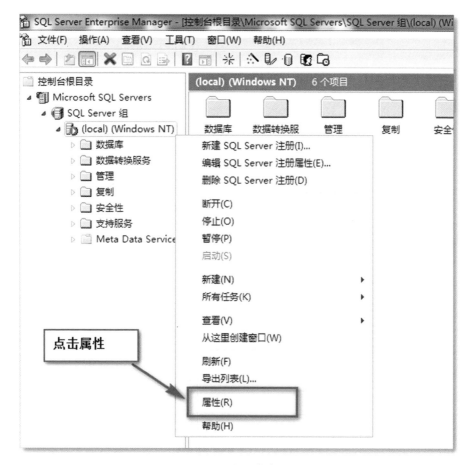

图 2-38　属性菜单位置

在显示的属性设置界面里，点击【安全性】选项卡，在身份验证栏找到并选定【仅 windows】，点击【确定】保存设置，如图 2-39 所示。

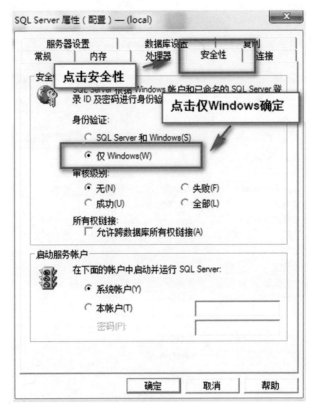

图 2-39 属性设置图

2.1.4.2 兼容性设置

把程序系统安装目录 c:\program files\microsoft sql server\mssql\binn 里面的sqlservr.exe，数据库文件目录（文件存储盘符）:\microsoft\sql server\mssql\binn 下的所有 exe 文件，south_hdp 目录下，所有的 exe 都必须进行兼容性设置。

兼容性设置时，在需要设置的 exe 文件上，点击右键，选择【属性】，显示该文件的属性设置界面，点击上方【兼容性】选项卡，在兼容模式栏必须点选【以兼容模式运行这个程序】，在下拉选项里选择【Windwows XP（Service Pack 3）】，在特权等级栏必须点选【以管理员身份运行此程序】，点击【确定】完成设置，如图 2-40 所示。

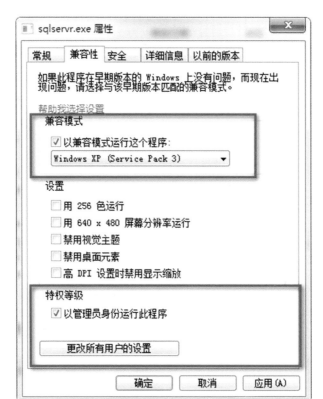

图 2-40 属性菜单

2.1.5 程序运行问题解决办法

2.1.5.1 程序无法打开数据库

程序无法打开数据库的问题（lenovothink/lenovo），是安装目录 c:\program files\microsoft sql server\mssql\binn 下的 exe 没有设置为兼容 xp 和以管理员身份运行，请按照 2.1.4.2 兼容性设置的流程进行设置。

2.1.5.2 程序偶尔不显示主界面

程序偶尔不显示主界面，同时点击 "Ctrl+Alt+del" 启动任务管理器，在任务管理器界面，选择停止 ipconfig.exe 进程，问题解决。

2.1.5.3 弹出类似缺少"binn\dbghelp.dll"文件

解决办法：按照【2.1.1.4 关闭安全软件】的操作方法，如果系统是 Windows XP 系统，安装前先退出所有的杀毒软件和系统管家，例如 360 杀毒软件或者金山杀毒软件等。然后重新安装 Miscrosoft SQL Server 2000。

2.1.5.4 打开整编软件，弹出类似缺少 CAD 安装配置界面

解决办法：下载 Windows Installer CleanUp Utility 软件，连续点击 "next"安装之后，在 C:\Program Files \Windows Installer Clean Up 或者 C:\Program Files（x86）\Windows Installer Clean Up 中找到 msicuu.exe 并双击打开，点击【AUTOCAD2007】的安装项，点击【Remove】，之后就不会弹出该提示（或者先安装 CAD 再安装水文整编系统）。

2.1.5.5 非管理员账户安装

解决办法：非管理员账户安装问题，是未进行兼容性设置造成的。找到安装文件存储盘:\SOUTH_HDP 文件夹中的 SHDP.exe，点击右键，选择【属性】，显示该文件的属性设置界面，点击上方【兼容性】选项卡，在兼容模式栏必须点选【以兼容模式运行这个程序】，在下拉选项里选择【Windwows XP（Service Pack 3】，在特权等级栏必须点选【以管理员身份运行此程序】，点击【确定】完成设置。

2.2 基本信息设置

在进行资料整编之前，南方片程序与北方片一样，要做好一些基础性工作，就是要完善基础信息，一个是原始数据测站信息，另一个是完善基本信息表。

2.2.1 完善原始数据测站信息

（1）打开南方片整编系统→点击最上边菜单栏【整编】→在下拉菜单

里点击【原始整编数据录入】，显示原始整编数据录入界面，如图 2-41 所示。

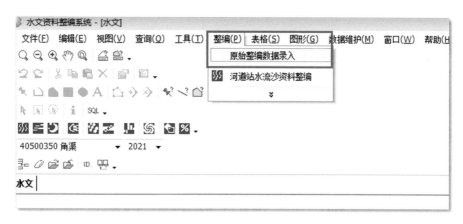

图 2-41　菜单位置

（2）在显示的原始整编数据录入界面，左上角【数据项目】栏，点开【原始数据测站信息】，在界面右侧会出现信息表，在原始数据测站信息表依次录入完善此表即可，如图 2-42 所示。

原始整编数据录入　　Version: 2.1.0.397

连接的服务器: (local)　数据库文件名: hy_shdp_Data.MDF

序号	测站编码*	水 系*	河 名*	站 名*
1	40532700	黄河	花石沟	大坝车站
2	40534700	黄河	第一排水沟	望洪堡
3	40535255	黄河	大河子沟	旗眼山水[
4	40535350	黄河	榆树沟	榆树沟口
5	40535400	黄河	第三排水沟	平吉堡
6	40535650	黄河	小口子沟	小口子
7	40535700	黄河	第二排水沟	贺家庙
8	40536200	黄河	苏峪口沟	磷矿
9	40536250	黄河	苏峪口沟	苏峪口
10	40536300	黄河	西干渠	金山

数据项目：原始数据测站信息、河道站水流沙整编数据、降水量整编数据、水库(堰闸)整编数据、潮位整编数据、逐日最高最低水(潮)位表、单值处理数据、反推入库洪水、引进水量

原始数据库测站信息　　查找测站

图 2-42　原始整编数据录入界面

（3）需要注意的是，原始数据测站信息表里的径流量单位和洪量单位可根据本站的实际情况选择，如果年径流量达到千万及以上，选择 10^8，如果常年未达到，则选择 10^4，如图 2-43 所示。

原始数据库测站信息	查找测站								
序号	河 名*	站 名*	站别*	集水面积	径流量单位	洪量单位	含沙量单位	输沙率单位	输沙量
1	花石沟	大坝车站	雨量		10^8m^3 10^4m^3				
2	第一排水沟	望洪堡	雨量						
3	大河子沟	旗眼山水库	水库						
4	榆树沟	榆树沟口	雨量						
5	第三排水沟	平吉堡	雨量						
6	小口子沟	小口子	雨量						
7	第二排水沟	贺家庄	雨量						
8	苏峪口沟	磷矿	雨量						
9	苏峪口沟	苏峪口	雨量						
10	西干渠	金山	雨量						
11	白虎沟	白虎沟	雨量						
12	大西峰沟	大西峰沟	雨量						
13	高富沟	獭箕梁	雨量						
14	第四排水沟	通伏（乡）	雨量						
15	黄河	高仁镇	雨量						
16	第五排水沟	姚伏	雨量						
17	三二支沟	前进农场	雨量						

图 2-43　设置界面

2.2.2　完善基本信息——测站一览表和降水量观测场沿革表

在这个部分，主要是完善测站一览表和降水量观测场沿革表，如图 2-44 所示。

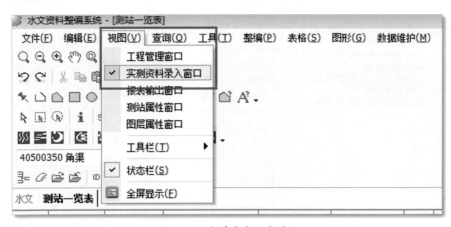

图 2-44　完善基本信息界面

（1）打开南方片整编系统→点击最上边菜单栏【视图】→在下拉菜单里选中【实测资料录入窗口】→在程序界面右侧会出现【实测资料录入——基本信息表】界面隔窗，如图2-45所示。

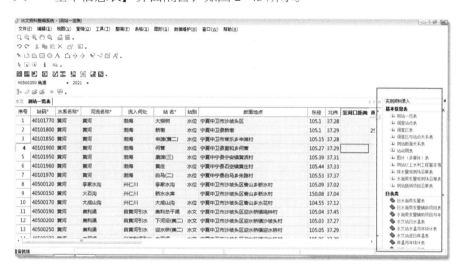

图2-45　实测资料录入——基本信息表界面隔窗

（2）点击右边实测资料录入里的【测站一览表】，完善此表信息即可，如图2-46所示。

站别	断面地点	东经	北纬	至河口距离	集
水位	宁夏中卫市沙坡头区	105.1	37.28		
水位	宁夏中卫县新墩	105.1	37.29		25
水位	宁夏中卫市常乐乡申滩村	105.15	37.28		
水位	宁夏中卫县宣和乡何营	105.27	37.29		
水位	宁夏中宁县宁安镇黄滨村	105.39	37.31		
水位	宁夏中宁县石空镇黄庄村	105.44	37.33		
水位	宁夏中宁县白马乡朱路村	105.53	37.34		
水位	宁夏中卫市沙坡头区香山乡新水村	105.09	37.02		
	宁夏中卫市沙坡头区香山乡新水村	150.08	37.14		
水位	宁夏中卫市沙坡头区香山乡水花村	104.55	37.12		
水文	宁夏中卫市沙坡头区迎水桥镇鸣钟村	105.04	37.45		
水文	宁夏中卫市沙坡头区迎水桥镇沙坡头村	105.03	37.27		
水文	宁夏中卫市沙坡头区迎水桥镇迎水村	105.05	37.29		

图2-46　实测资料录入——基本信息表测站一览表维护

2.3 降水量资料整编

2.3.1 数据导入

2.3.1.1 数据源生成与导出

按照【互联网+水文测验整编平台应用】开展水文测验整编数据采集和计算处理，按照【1.3.4 整编数据源生成】操作导出整编数据源。

2.3.1.2 数据源导入

打开南方片整编程序→在上方的菜单栏点击【整编】→在下拉菜单点击【原始资料录入】→在显示的原始整编数据录入界面，左上角【数据项目】栏，点开【降水量整编数据】→点击【降水量数据】，在界面右侧会出现降水数据表，如图 2-47 所示。

图 2-47　实测资料录入菜单

在下方功能按钮点击【导入数据】→选择要导入的数据文件点击【确定】导入数据→在数据列表栏任意处点击右键，在出现的菜单里点击【重置整编时间】→在下方功能按钮点击【保存数据】，如图 2-48 所示。

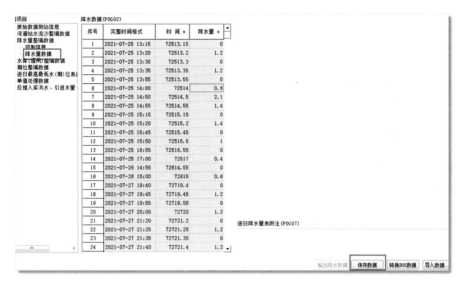

图 2-48　降水数据导入界面

2.3.2　整编操作

2.3.2.1　整编控制信息设置

打开南方片整编程序→在上方的菜单栏点击【整编】→在下拉菜单点击【原始资料录入】→在显示的原始整编数据录入界面，左上角【数据项目】栏，点开【降水量整编数据】→点击【控制信息】，在界面右侧会出现控制信息表，如图 2-49 所示。

（1）控制信息项目设置：接着完善控制信息→站类（常年站或汛期站，根据测站实际的属性来选择即可）→自记资料整理方法（0 时段量法及全年人工）→观测段制（24）→摘录表输出方式（2 不记起止时间）→摘录表合并量不得跨越的段制（4）→作表（1）表（2）标志，其中，表（1）是按照五分钟滑动填制摘录数据挑选特征值，表（2）是按小时摘录数据挑选特征值【1，2 是整编软件设计的控制信息，1 表示只做表（1）】。

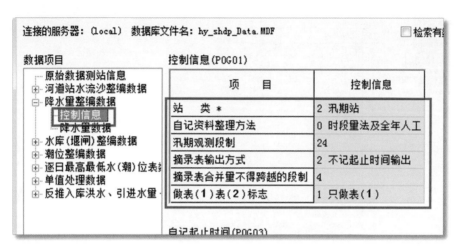

图 2-49　降水量控制信息设置界面

（2）自记起止时间设置：然后自记起止时间："40108－110108 或

（50108－100108）"，根据测站实际情况填写，如图 2-50 所示。

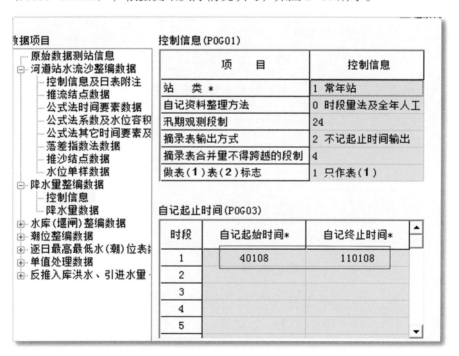

图 2-50　降水量自记起止时间设置界面

（3）非汛期人工起止时间："10108－43008，2；100108－123108，2"，如图 2-51 所示。

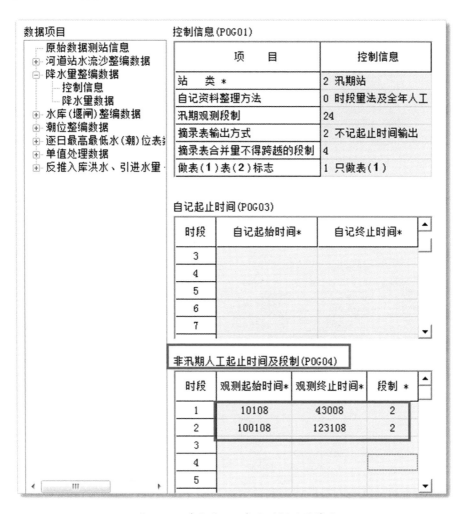

图 2-51　降水量人工起止时间设置界面

（4）无记录起止时间："10108－43008；100108－123108"，如图 2-52 所示。

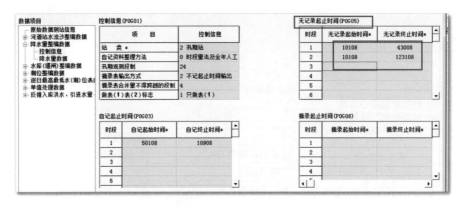

图 2-52 降水量无记录起止时间设置界面

（5）摘录起止时间："60108-100108"，不得跨越的段制原则"四不跨"，如图 2-53 所示。

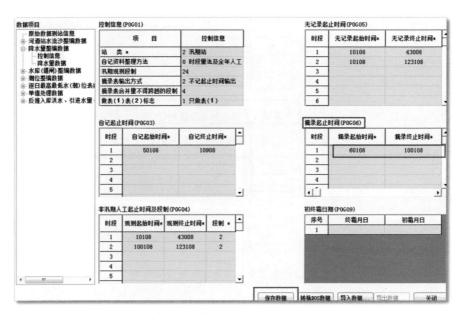

图 2-53 降水量摘录起止设置界面

（6）最后在界面下方，点击【保存数据】保存设置。

2.3.2.2 资料操作

（1）整编计算

打开南方片整编程序→在上方的菜单栏点击【整编】→在下拉菜单点击【降水量资料整编】显示降水量资料整编界面，如图 2-54 所示。

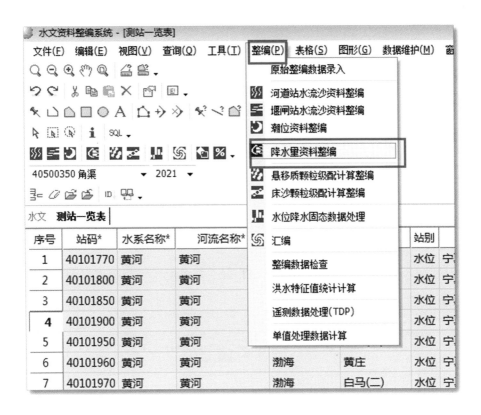

图 2-54 降水量资料整编菜单位置

在显示的降水量资料整编界面，右上角选择【整编年份】，左侧的选项卡里点击【整编计算】→在下方可选测站栏里选择需要整编的测站，点击【选择】，显示选中测站→点击【确定】，程序自动开始整编计算，如图 2-55 所示。

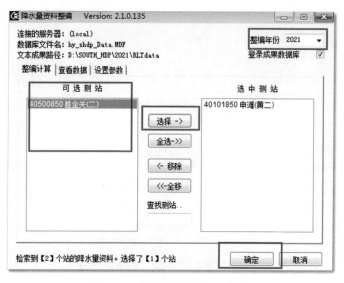

图 2-55   降水量资料整编操作

（2）表格输出

打开南方片整编程序→在上方的菜单栏点击【表格】→在下拉菜单点击【整编表项、对照表电子表格输出】显示综合电子表格输出界面，如图2-56所示。

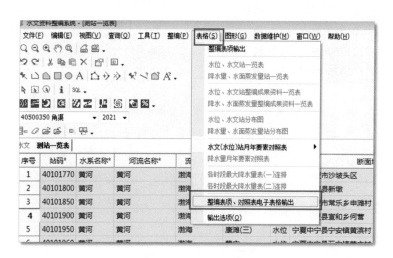

图2-56   表格输出操作

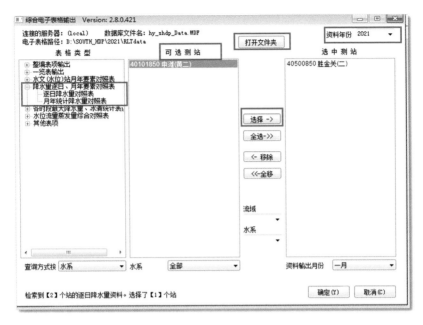

图 2-57　电子表格输出操作

在显示综合电子表格输出界面，在左侧的【表格类型】栏里点击【降水量逐日、月年要素对照表】→在【可选测站】栏选中测站，点击【选择】，在【选中测站】栏显示测站→选择【资料输出月份】→点击下方【确定】输出电子表格→点击上方【打开文件夹】查看整编输出的电子表格，如图 2-57 所示。

（3）多站整编

若是多站，资料导出，导入到南方片程序的方法一致。在显示综合电子表格输出界面，在左侧的【表格类型】栏里点击【降水量逐日、月年要素对照表】→在【可选测站】栏选中测站，选多个测站，点击【选择】，也可以点击【全选】选中所有可选测站，在【选中测站】栏显示测站→选择【资料输出月份】→点击下方【确定】输出电子表格→点击上方【打开文件夹】查看整编输出的电子表格。

2.4 水流沙资料整编

2.4.1 临时曲线法

2.4.1.1 数据源生成导出

按照【互联网+水文测验整编平台应用】开展水文测验整编数据采集和计算处理，按照【1.3.4 整编数据源生成】操作导出整编数据源。

2.4.1.2 数据源导入

打开南方片整编程序→在上方的菜单栏点击【整编】→在下拉菜单点击【原始资料录入】→在显示的原始整编数据录入界面，选择测站、年份→左上角【数据项目】栏，点开【河道站水流沙整编数据】→【水位单样数据】→点击界面下方【数据导入】，选择数据文件导入数据，如图 2-58 所示。

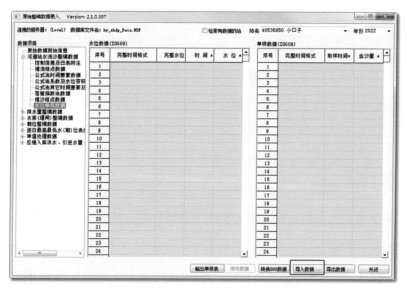

图 2-58 水位单样数据导入

点开水位单样数据之后，要插入测流时、取沙时、洪水涨落变化过程人工观测时对应的水位→在列表中任意点击右键【重置时间、水位】→再点击下方的【保存数据】保存数据信息，如图 2-59 所示。

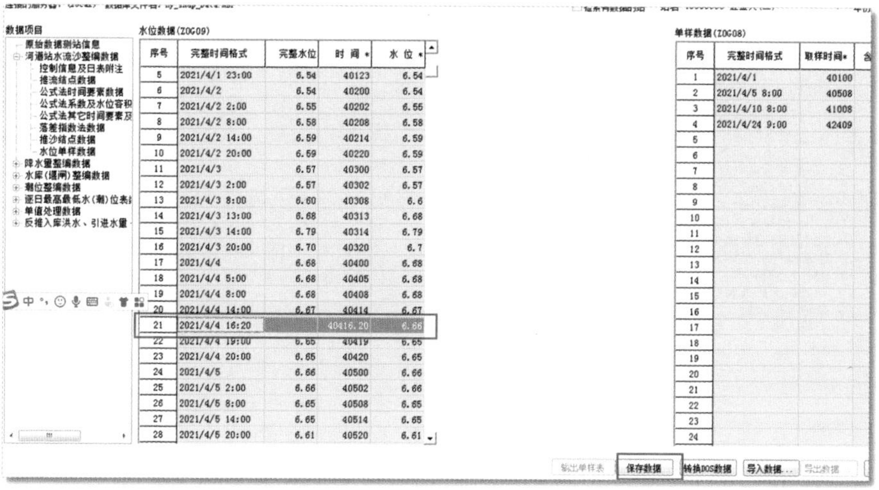

图 2-59　水位单样数据添加

2.4.1.3　控制信息设置

打开南方片整编程序→在上方的菜单栏点击【整编】→在下拉菜单点击【原始资料录入】→在显示的原始整编数据录入界面，选择测站、年份→左上角【数据项目】栏，点开【河道站水流沙整编数据】→【控制信息及日表附注】→在右侧显示的控制信息列表中设置控制信息，如图 2-60 所示。

2.4.1.4　推流信息设置

打开南方片整编程序→在上方的菜单栏点击【整编】→在下拉菜单点击【原始资料录入】→在显示的原始整编数据录入界面，选择测站、年份→左上角【数据项目】栏，点开【河道站水流沙整编数据】→【推流节点数据】→在右侧显示的【推流控制曲线】添加推流曲线，在【推流方法】下拉菜单里选择相应的推流方法，在【曲线号栏】选择曲线号，点击下方【导入数据】可导入曲线数据，最后点击下方【保存数据】→【输出

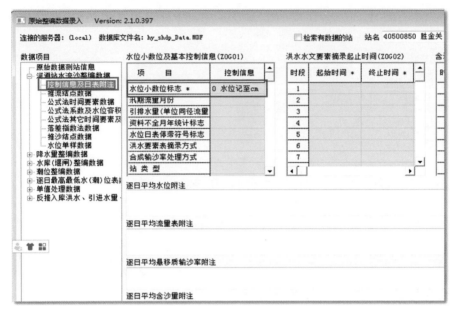

图 2-60　控制信息设置

流率表】输出流率表，如图 2-61 所示。

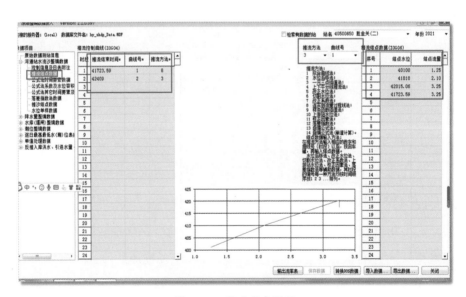

图 2-61　推流信息设置

2.4.1.5 推沙信息设置

打开南方片整编程序→在上方的菜单栏点击【整编】→在下拉菜单点击【原始资料录入】→在显示的原始整编数据录入界面，选择测站、年份→左上角【数据项目】栏，点开【河道站水流沙整编数据】→【推流节点数据】→在右侧显示的【推沙控制曲线】添加推沙曲线，在【推沙方法】下拉菜单里选择相应的推沙方法，在【曲线号栏】选择曲线号，点击下方【导入数据】可导入曲线数据，最后点击下方【保存数据】，如图 2-62所示。

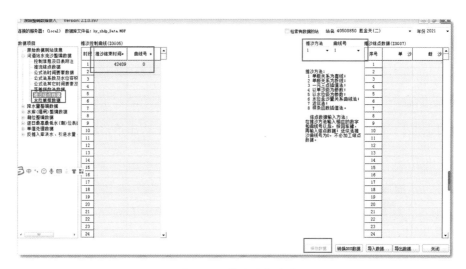

图 2-62 推沙信息设置

2.4.1.6 整编操作

打开南方片整编程序→在上方的菜单栏点击【整编】→在下拉菜单点击【河道站水位水流沙资料整编】，显示水流沙资料整编界面，如图 2-63所示。

图 2-63   河道站水流沙资料整编菜单位置

在显示的水流沙资料整编界面，在右上角选择【整编年份】，左侧的选项卡里点击【整编计算】→在下方可选测站栏里选择需要整编的测站，点击【选择】，显示选中测站→点击【确定】，程序自动开始整编计算，如图 2-64 所示。

图 2-64   河道站水位水流沙资料整编界面

在显示的水流沙资料整编界面，在右上角选择【整编年份】，左侧的选项卡里点击【查看成果】→在下方可选测站栏里选择需要整编的测站，在成果列表栏里选择想查看的成果点击【确定】查看成果。

2.4.2　连实测流量过程线法

2.4.2.1　数据源生成导出

按照【互联网+水文测验整编平台应用】开展水文测验整编数据采集和计算处理，按照【1.3.4　整编数据源生成】操作导出整编数据源。

2.4.2.2　数据源导入

打开南方片整编程序→在上方的菜单栏点击【整编】→在下拉菜单点击【原始资料录入】→在显示的原始整编数据录入界面，选择测站、年份→左上角【数据项目】栏，点开【河道站水流沙整编数据】→点选【推流节点数据】→输入【推流控制曲线】信息→选择【推流方法】→选择【曲线号】→在【推流节点数据】栏下方点击【数据导入】，选择流量数据文件导入，点击【保存数据】，如图2-65所示。

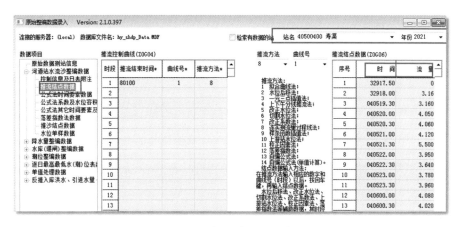

图2-65　推流节点数据界面

在显示的原始整编数据录入界面，选择测站、年份→左上角【数据项目】栏，点开【河道站水流沙整编数据】→点选【水位单样数据】→右侧显示水位数据栏，在界面下方点击【数据导入】，选择水位数据文件导入，点击【保存数据】，如图 2-66 所示。

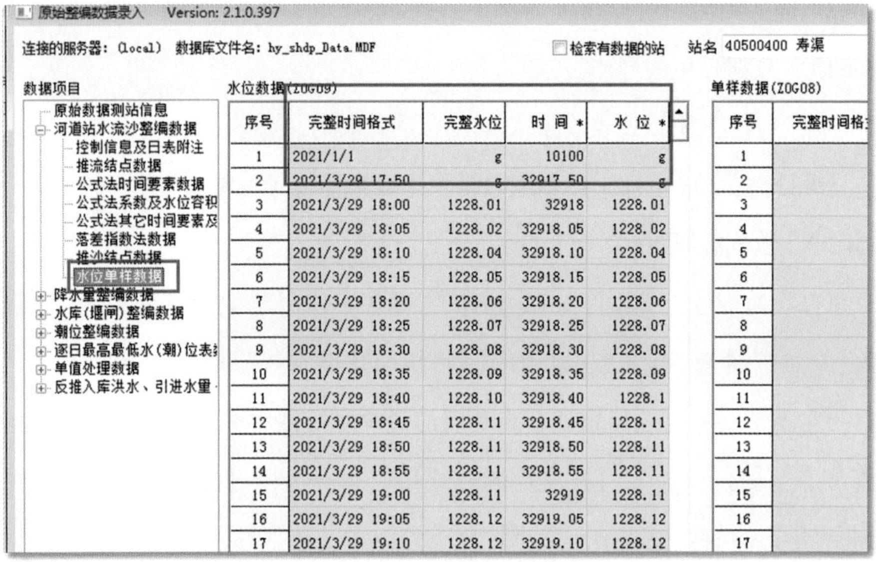

图 2-66　水位数据界面

2.4.2.3　整编操作

打开南方片整编程序→在上方的菜单栏点击【整编】→在下拉菜单点击【河道站水位水流沙资料整编】，显示水流沙资料整编界面。

在显示的水流沙资料整编界面，在右上角选择【整编年份】，左侧的选项卡里点击【整编计算】→在下方可选测站栏里选择需要整编的测站，点击【选择】，显示选中测站→点击【确定】，程序自动开始整编计算，如图 2-67 所示。

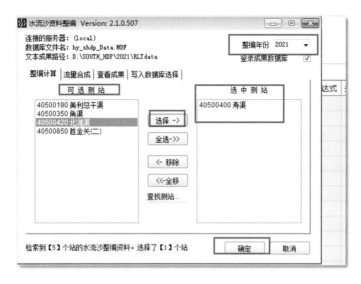

图 2-67　水流沙资料整编界面

在显示的水流沙资料整编界面，在右上角选择【整编年份】，左侧的选项卡里点击【查看成果】→在下方可选测站栏里选择需要整编的测站，点击【确定】查看成果→点击【输出瞬时推算成果表】后关闭界面，如图2-68所示。

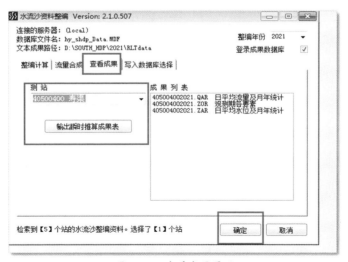

图 2-68　查看成果界面

2.4.3 整编表项输出

打开南方片整编程序→在上方的菜单栏点击【表格】→在下拉菜单点击【整编表项、对照表电子表格输出】，显示综合电子表格输出界面，如图2-69所示。

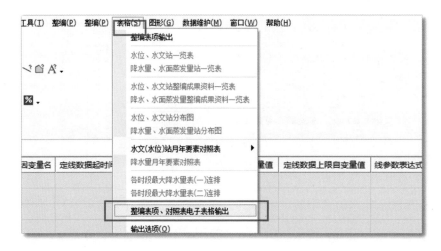

图 2-69 整编表项、对照表电子表格输出菜单

在显示的综合电子表格输出界面，在右上角选择【整编年份】，左侧的表格类型栏需点选【整编表格输出】→点选【水文（水位）站整编表格】→在可选测站栏里选择需要的测站→在可输出的表项栏里点选需要输出的表格，也可点击下方【选定全体表项】→点击【确定】输出表格→点击【打开文件查看】查看输出的电子表格情况，如图2-70所示。

2.5 实测表类资料整编

实测表类资料整编主要包括：日水面蒸发量表、水文站日水温表、实测大断面成果表、实测流量成果表、实测悬移质输沙率成果表、冰情要素摘录表、年冰情表和整编说明书，除水准点高程考证表人工填写外，其他

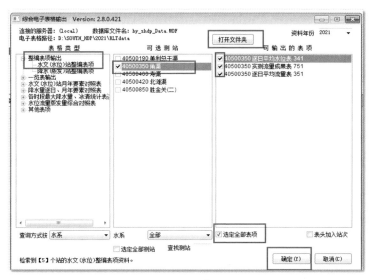

图 2-70　综合电子表格输出界面

都进行整编数据导入。

2.5.1　数据源生成同步

按照【互联网+水文测验整编平台应用】开展水文测验整编数据采集和计算处理，按照【1.3.4　整编数据源生成】操作导出整编数据源，如图 2-71 所示。

图 2-71　宁夏水文资料整编系统界面

打开水文综合业务平台→在右上角点击【测验整编】→从水文监测数据网络计算分析系统【系统管理】菜单，点击【整编定线】，或输入网址 http://172.29.0.18:28889 进入宁夏水文资料整编系统。

在宁夏水文资料整编系统界面点击【资料录入】，显示资料录入界面，在左侧上方选择资料年份、测站类别。测站类别为水位水文站时，输入或选择站点在资料整编界面左侧选择年份、测站类型，输入站名，点击【检索】，在出现的站名信息里点击选择该站。

检索之后会在下方显示检索出的测站，点击选中测站，在下方的功能导航里双击【实测流量成果表】，在右侧显示该站实测流量成果表界面，在界面功能栏点击【同步】，显示同步实测流量成果界面。其他操作类似，如图 2-72 所示。

图 2-72 实测流量成果表数据同步操作示例图

在同步实测流量成果界面，输入开始、结束时间，点击【同步】同步数据，如图 2-73 所示。

图 2-73　同步实测流量成果界面

2.5.2　数据源导出

在宁夏水文资料整编系统界面，点击【资料整编】，显示资料整编界面，在左侧上方选择资料年份、测站类别。测站类别为水位水文站时，输入或选择站点在资料整编界面左侧选择年份、测站类型，输入站名，点击

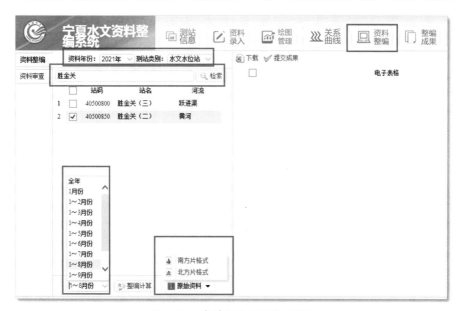

图 2-74　资料整编数据导出界面

【检索】，在出现的站名信息里点击选择该站。在左下角选择导入的时间范围，再点击【原始资料】，选择【南方片格式】，在弹出的提示框里点击【确定】导出数据文件，如图 2-74 所示。

将导出数据文件下载到桌面→解压文件→打开解压后的文件→将数据复制粘贴到对应的表项并保存，如图 2-75。降水蒸发资料的录入操作同上，只不过选择的站码不同。

图 2-75　数据解压保存

2.5.3　数据源导入

打开南方片整编程序→在上方的菜单栏点击【整编】→在下拉菜单点击【原始资料录入】→在显示的原始整编数据录入界面，选择测站、年份→左上角【数据项目】栏，点开相应的数据类型→在界面下方点击【数据导入】，选择数据文件导入数据。

2.5.4　整编操作

数据全部导入到南方片中后，打开南方片整编程序→在上方的菜单栏点击【整编】→在下拉菜单点击【河道站水位水流沙资料整编】，显示水流沙资料整编界面，如图 2-76 所示。

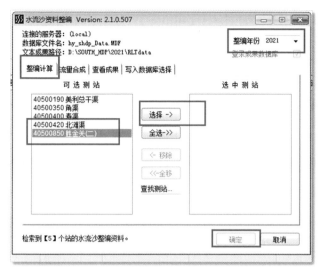

图 2-76 整编操作界面

在显示的水流沙资料整编界面，在右上角选择【整编年份】，左侧的选项卡里点击【整编计算】→在下方可选测站栏里选择需要整编的测站，点击【选择】，显示选中测站→点击【确定】，程序自动开始整编计算，如图 2-77 所示。

图 2-77 查看成果界面

在显示的水流沙资料整编界面，在右上角选择【整编年份】，左侧的选项卡里点击【查看成果】→在下方可选测站栏里选择需要整编的测站，点击【确定】查看成果→点击【输出瞬时推算成果表】后关闭界面。

2.5.5 整编表项输出

打开南方片整编程序→在上方的菜单栏点击【表格】→在下拉菜单点击【整编表项、对照表电子表格输出】，显示综合电子表格输出界面，如图2-78所示。

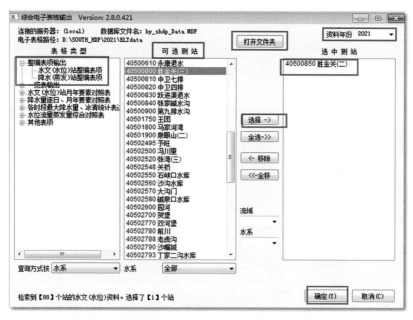

图 2-78 综合电子表格输出界面

在显示的综合电子表格输出界面，在右上角选择【整编年份】，左侧的表格类型栏需点选【整编表格输出】→点选【水文（水位）站整编表项】或【降水（蒸发）站整编表项】→在可选测站栏里选择需要的测站，点击【选择】→在右侧显示选中测站→点击【确定】输出表格→点击【打开文件查看】查看输出的电子表格情况。

2.5.6 水位流量关系曲线检验

打开南方片整编程序→在主界面点击蓝色的百分号（%），显示曲线检验界面，如图 2-79 所示。

图 2-79 南方片水位流量关系曲线检验菜单位置

在曲线检验界面，选择【站名】→选择【年份】→选择【检验类型】（流量）→选择【曲线号】→录入（或粘贴）【参加检验数据】→点击【用节点数据推求线上流量】→点击【保存】完成曲线检验→点击【输出电子表格】输出曲线检验表格，如图 2-80 所示。

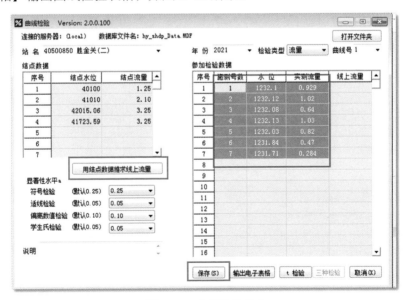

图 2-80 曲线检验操作

2.6 水文资料汇编

2.6.1 汇编文件输出

2.6.1.1 水文、水位站汇编文件输出

（1）打开汇编程序→在主界面里，选择【按卷册显示测站】→选择【资料年份】→【输出选择】中选择【1水位、水文一栏表】→在下方的【正文输出选择】栏里，根据各卷册输出项目要求选择相应输出表项→在【可选测站】中选择表项对应站点（此项按照表项逐项进行）→选中测站在右侧【选中测站】栏里显示，完成后点击下方的【确定】，如图2-81所示。

图2-81 水位、水文站汇编文件输出界面

（2）各卷册水位、水文站一览表（ZGT）更新方法：根据步骤（1）完成所有表项输出后，单击【输出选择】中的【1水位、水文一览表】选项，

在下方的【正文输出选择】栏里不要选择任何表项，直接将【可选测站】中所有国家基本水文站选中，点击【确定】即可。

2.6.1.2　降水、蒸发站汇编文件输出

操作步骤同上，仅在【输出选择】中选择【2 降水量、水面蒸发量站一览表】。另外，可以在【正文输出选择】栏中同时选择【逐日降水量表】【降水量摘录表】【表（1）及逐日水面蒸发量表】，然后将【可选测站】栏里的选项全部选中，最后点击【确定】输出成果，如图 2-82 所示。

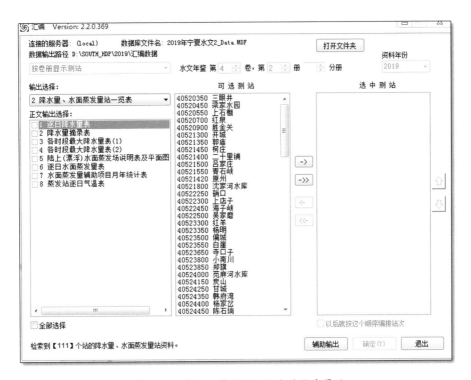

图 2-82　降水、蒸发站汇编文件输出界面

2.6.1.3　汇编文件查询

方法一：打开汇编程序，在主界面右上方，点击【打开文件夹】。

方法二：打开"计算机"，D 盘→打开"SOUTH_HDP"文件夹→打

开"xx 年"文件夹→打开"汇编数据"文件夹→打开"xx 卷册"文件夹
（此方法要确定自己程序安装位置）。

2.6.2 综合电子表格输出

2.6.2.1 水位、水文站一览表输出

打开南方片整编程序，在主界面菜单栏选择【表格】→点击下拉菜单
里【整编表项、对照表电子表格输出】，显示综合电子表格输出界面。

在综合电子表格输出界面左侧的【表格类型】栏里，点选【整编表项
输出】→选择要输出的表项，点选【水位、水文站一览表】→选择【年
份】→【查询方式】选择【水系】→在【水系】中选择【黄河（渭河、
泾河)】→在【可选测站】栏右侧点击【全选】→点击【确定】，如图 2-83
所示。

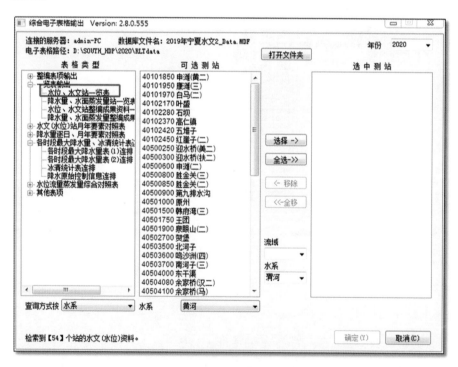

图 2-83　综合电子表格输出界面

2.6.2.2 对照表输出

在综合电子表格输出界面左侧的【表格类型】栏里，点选【整编表项输出】→点选【水文（水位）站月年要素对照表】，选择要输出的表项→选择【年份】→【查询方式】选择【水系】→在【水系】中选择【黄河（渭河、泾河）】→在【可选测站】按照《各卷册汇编需提交成果汇总》里各类表项明细中的测站顺序点选→点击【确定】。

降水对照及各时段最大降水量表（1）连排：

在综合电子表格输出界面左侧的【表格类型】栏里，点选【降水量逐日、月年对照】→点选【各时段最大降水量、冰清统计表】，选择要输出的表项→选择【年份】→【查询方式】选择【水系】→在【水系】中选择【黄河（渭河、泾河）】→在【可选测站】点选【全选】→点击【确定】，如图 2-84 所示。

图 2-84　对照表输出界面

2.6.2.3　输出表格查询

方法一：打开南方片整编程序，在主界面菜单栏选择【表格】→在综合电子表格输出界面→点击【打开文件夹】，如图2-85所示。

名称	修改日期	类型
MSGlog	2019/11/28 10:13	文件夹
RLTdata	2020/12/8 16:36	文件夹
SRCdata	2020/7/2 10:45	文件夹
TMPdata	2020/1/15 20:31	文件夹
汇编数据	2020/12/8 15:28	文件夹

图 2-85　输出表格查看

方法二：打开"计算机"→D 盘→打开"SOUTH_HDP"文件夹→打开"xx 年"文件夹→打开"RLTdata"文件夹（此方法要确定自己程序安装位置）。

2.7　各卷册汇编需提交的成果汇总（附表 1）

2.7.1　黄河流域4卷2册

2.7.1.1　提交成果明细

4 卷 2 册共涉及宁夏 33 处水文站、8 处水位站、111 处雨量站、13 处蒸发站及13 处排水沟断面资料汇编。共计提交文本格式 19 项、表格 10 项。

（1）提交文本成果一览表（表2-1）

表2-1　文本成果一览表

对应序号	表名	扩展名	备注
1	水位、水文站一览表	ZGT	无省略和有省略各一份
2	逐日平均水位表	ZAT	
3	实测流量成果表	QCT	
4	实测大断面成果表	QDT	
5	逐日平均流量表	QAT	
6	洪水水文要素摘录表（三要素）	QPT	根据实际来水情况统计
7	实测悬移质输沙率成果表	CCT	
8	逐日平均悬移质输沙率表	CAT	
9	逐日平均含沙量表	CBT	
10	逐日水温表	IAT	
11	冰厚及冰情要素摘录表	GPT	
12	冰清统计表	GET	
13	降水、水面蒸发量站一览表（含索引资料）	PGT	无省略和有省略各一份
14	逐日降水量表	PAT	
15	降水量摘录表	PPT	
16	各时段最大降水量表（1）	PET	
17	逐日水面蒸发量表	EAT	

（2）提交电子成果表格（10张）

××年黄河水系降水量水面蒸发量站一览表（无变动就发往年的）；

××年黄河水系水位水文站一览表（无变动就发往年的）；

××年黄河水系月年平均流量对照表；

××年黄河水系月年平均悬移质输沙率对照表；

××年黄河水系各时段最大降水量表（1）连排；

××年黄河水系各站月年降水量对照表；

××年黄河水系降水量水面蒸发量站整编成果一览表；

××年黄河水系水位水文站整编成果一览表（附表2）。

2.7.1.2　表项明细

（1）ZAT 逐日平均水位表（20 站）（表2-2）

表 2-2　ZAT 逐日平均水位表

站次	站名	站次	站名	站次	站名	站次	站名
3	申滩（黄二）	9	高仁镇	35	余家桥（汉二）	40	三棵树
4	康滩（三）	10	五堆子	36	余家桥（马）	41	大坝（大二）
5	白马（二）	11	红崖子（二）	37	秦坝关（三）	42	小坝
7	叶盛	28	泉眼山（二）	38	泰民渠	43	龙门桥
8	石坝	32	东干渠	39	西干渠	45	郭家桥（三）

（2）QCT 实测流量成果表（23 站）（表2-3）

表 2-3　QCT 实测流量成果表

站次	站名	站次	站名	站次	站名	站次	站名
20	迎水桥（美二）	26	韩府湾（三）	44	新华桥（三）	50	苏峪口
21	迎水桥（扶二）	27	王团	45	郭家桥（三）	51	汝箕沟（三）
22	申滩（二）	28	泉眼山（二）	46	小泉（二）	52	大武口（二）
23	胜金关（三）	29	贺堡	47	望洪堡（三）	53	熊家庄（三）
24	胜金关（二）	30	南河子（三）	48	贺家庙（三）	54	石嘴山（三）
25	原州	31	鸣沙洲（四）	49	通伏堡（二）		

（3）QDT 实测大断面成果表（10 站）（表 2-4）

表 2-4　QDT 实测大断面成果表

站次	站名	站次	站名	站次	站名	站次	站名
25	原州	28	泉眼山（二）	45	郭家桥（三）	52	大武口（二）
26	韩府湾（三）	29	贺堡	50	苏峪口		
27	王团	31	鸣沙洲（四）	51	汝箕沟（三）		

（4）QAT 逐日平均流量表（33 站）（表2-5）

表 2-5　QAT 逐日平均流量表

站次	站名	站次	站名	站次	站名	站次	站名
20	迎水桥（美二）	29	贺堡	40	三棵树	49	通伏堡（二）
21	迎水桥（扶二）	30	南河子（三）	41	大坝（大二）	50	苏峪口
22	申滩（二）	31	鸣沙洲（四）	42	小坝	51	汝箕沟（三）
23	胜金关（三）	32	东干渠	43	龙门桥	52	大武口（二）
24	胜金关（二）	35	余家桥（汉二）	44	新华桥（三）	53	熊家庄（三）
25	原州	36	余家桥（马）	45	郭家桥（三）	54	石嘴山（三）
26	韩府湾（三）	37	秦坝关（三）	46	小泉（二）		
27	王团	38	泰民渠	47	望洪堡（三）		
28	泉眼山（二）	39	西干渠	48	贺家庙（三）		

（5）QPT 洪水水文要素摘录表（x 站）

此项目根据当年实际情况统计。

（6）CCT 实测悬移质输沙率成果表（1 站）

45 站次，郭家桥（三）。

（7）CAT 逐日平均悬移质输沙率成果表（18 站）（表 2-6）

表 2-6　CAT 逐日平均悬移质输沙率成果表

站次	站名	站次	站名	站次	站名	站次	站名
24	胜金关（二）	29	贺堡	47	望洪堡（三）	51	汝箕沟（三）
25	原州	30	南河子（三）	48	贺家庙（三）	52	大武口（二）
26	韩府湾（三）	31	鸣沙洲（四）	49	通伏堡（二）	53	熊家庄（三）
27	王团	44	新华桥（三）	50	苏峪口	54	石嘴山（三）
28	泉眼山（二）	45	郭家桥（三）				

（8）CBT 逐日平均含沙量表（18 站）（表 2-7）

表 2-7　CBT 逐日平均含沙量表

站次	站名	站次	站名	站次	站名	站次	站名
24	胜金关（二）	29	贺堡	47	望洪堡（三）	51	汝箕沟（三）
25	原州	30	南河子（三）	48	贺家庙（三）	52	大武口（二）
26	韩府湾（三）	31	鸣沙洲（四）	49	通伏堡（二）	53	熊家庄（三）
27	王团	44	新华桥（三）	50	苏峪口	54	石嘴山（三）
28	泉眼山（二）	45	郭家桥（三）				

（9）IAT 逐日水温表（1 站）

28 站次，泉眼山（二）。

（10）GPT 冰厚及冰情要素摘录表（1 站）

28 站次，泉眼山（二）。

（11）GET 冰清统计表（1 站）

28 站次，泉眼山（二）。

（12）PAT 逐日降水量表（111 站）

注：3 站次、71 站次为黄委站点，具体站点见附表 3。

（13）PPT 降水量摘录表（110 站）

星海为人工站，不做表（1）和摘录，具体站点见附表 3。

（14）PET 各时段最大降水量表（1）（110 站）

具体站点见附表 3。

（15）EAT 逐日水面蒸发量表（13 站）（表2-8）

表 2-8　EAT 逐日水面蒸发量表

站次	站名	类型	站次	站名	类型	站次	站名	类型
6	胜金关	20 cm	84	郭家桥	20 cm、E601	108	星海	20 cm、E601
13	原州	20 cm、E601	85	望洪堡	20 cm、E601	111	达家梁子	20 cm
29	韩府湾	20 cm、E601	89	贺家庙	20 cm	113	石嘴山	20 cm、E601
52	王团	20 cm、E601	92	苏峪口	20 cm、E601			
60	泉眼山	20 cm、E601	99	平罗	20 cm、E601			

（16）月年平均流量对照表（46 站）（表2-9）

表 2-9　月年平均流量对照表

序号	站名	序号	站名	序号	站名	序号	站名
1	迎水桥（美二）	13	南河子（三）	25	龙门桥	37	东排水沟（二）
2	迎水桥（扶二）	14	鸣沙洲（四）	26	金南干沟	38	永清沟
3	申滩（二）	15	东干渠	27	新华桥（三）	39	永北桥（二）
4	胜金关（三）	16	余家桥（汉二）	28	小泉（二）	40	贺家庙（三）
5	胜金关（二）	17	余家桥（马）	29	郭家桥（三）	41	潘昶（二）
6	原州	18	秦坝关（三）	30	南干沟	42	通伏堡（二）
7	韩府湾（三）	19	泰民渠	31	中沟	43	熊家庄（三）

序号	站名	序号	站名	序号	站名	序号	站名
8	贺堡	20	西干渠	32	反帝沟	44	汝箕沟（三）
9	王团	21	苏峪口	33	中滩沟	45	大武口（二）
10	泉眼山（二）	22	三棵树	34	胜利沟	46	石嘴山（三）
11	第九排水沟	23	大坝（大二）	35	望洪堡（三）		
12	北河子	24	小坝	36	中干沟		

（17）月年平均悬移质输沙率对照表（18站）（表2-10）

表2-10　月年平均悬移质输沙率对照表

站次	站名	站次	站名	站次	站名	站次	站名
1	胜金关（二）	6	泉眼山（二）	11	郭家桥（三）	16	汝箕沟（三）
2	原州	7	南河子（三）	12	望洪堡（三）	17	大武口（二）
3	韩府湾（三）	8	鸣沙洲（四）	13	贺家庙（三）	18	石嘴山（三）
4	贺堡	9	苏峪口	14	通伏堡（二）		
5	王团	10	新华桥（三）	15	熊家庄（三）		

2.7.2　渭河流域4卷7册

2.7.2.1　提交成果明细

4卷7册共涉及宁夏隆德（二）1处水文站点，24处雨量站点及2处蒸发站点。共计提供14项文本，7张电子表格。

（1）提交文本成果一览表（表2-11）

（2）提交电子成果表格（7张）

××年渭河水系水位水文站一览表（若无变动提供往年资料）；

××年渭河水系降水量水面蒸发量站一览表（若无变动提供往年资料）；

××年渭河水系月年平均流量对照表；

表 2-11　文本成果一览表

序号	扩展名	表名	备注
1	水位、水文站一览表	ZGT	无省略和有省略各一份
2	逐日平均水位表	ZAT	
3	实测流量成果表	QCT	
4	逐日平均流量表	QAT	
5	洪水水文要素摘录表（三要素）	QPT	根据实际发生情况统计
6	逐日平均悬移质输沙率表	CAT	
7	逐日平均含沙量表	CBT	
8	降水、水面蒸发量站一览表（含索引资料）	PGT	无省略和有省略各一份
9	逐日降水量表	PAT	
10	降水量摘录表	PPT	
11	各时段最大降水量表（1）	PET	
12	逐日水面蒸发量表	EAT	

　　××年渭河水系各时段最大降水量表（1）连排；

　　××年渭河水系各站月年降水量对照表；

　　××年渭河水系降水量水面蒸发量站整编成果一览表；

　　××年渭河水系水位水文站整编成果一览表。

2.7.2.2　表项明细

　　（1）隆德（二）站只提供 QCT 实测流量成果表、QAT 逐日平均流量表，QPT 洪水水文要素摘录表根据当年实际情况提供。

　　（2）PAT 逐日降水量表（24 站）、PPT 降水量摘录表（24 站）、PET 各时段最大降水量表（1）（24 站）。

　　（3）逐日水面蒸发量表（2 站）：隆德（20cm、E601）、山河（20cm）。

2.7.3 泾河流域4卷8册

2.7.3.1 提交成果明细

4卷8册共涉及宁夏水文站4处，雨量站38处，蒸发站4处。共计提供15处文本文件，8张电子表格。

（1）提交文本成果一览表（表2-12）

表2-12 文本成果一览表

序号	扩展名	表名	备注
1	水位、水文站一览表	ZGT	
2	实测流量成果表	QCT	
3	实测大断面成果表	QDT	
4	逐日平均流量表	QAT	无省略和有省略各一份
5	洪水水文要素摘录表（三要素）	QPT	
6	逐日平均悬移质输沙率表	CAT	
7	逐日平均含沙量表	CBT	
8	降水、水面蒸发量站一览表（含索引资料）	PGT	
9	逐日降水量表	PAT	
10	降水量摘录表	PPT	无省略和有省略各一份
11	各时段最大降水量表（1）	PET	
12	逐日水面蒸发量表	EAT	

（2）提交电子成果表格（8张）：

××年泾河水系水位水文站一览表（若无变动提供往年资料）；

××年泾河水系降水量水面蒸发量站一览表（若无变动提供往年资料）；

××年泾河水系月年平均流量对照表；

××年泾河水系月年平均悬移质输沙率对照表；

××年泾河水系各时段最大降水量表（1）连排；

××年泾河水系各站月年降水量对照表；

××年泾河水系降水量水面蒸发量站整编成果一览表；

××年泾河水系水位水文站整编成果一览表。

2.7.3.2　提交成果明细

（1）QCT 实测流量成果表（4 站）（表2-13）

表 2-13　QCT 实测流量成果表

站次	站名	站次	站名	站次	站名	站次	站名
1	泾河源（三）	11	蒿店	16	彭阳	18	黄家河

（2）QDT 实测大断面成果表（4 站）（表 2-14）

表 2-14　QDT 实测大断面成果表

站次	站名	站次	站名	站次	站名	站次	站名
1	泾河源（三）	11	蒿店	16	彭阳	18	黄家河

（3）QAT 逐日平均流量表（4 站）（表2-15）

表 2-15　QAT 逐日平均流量表

站次	站名	站次	站名	站次	站名	站次	站名
1	泾河源（三）	11	蒿店	16	彭阳	18	黄家河

（4）CAT 逐日平均悬移质输沙率表（4 站）（表2-16）

表 2-16　CAT 逐日平均悬移质输沙率表

站次	站名	站次	站名	站次	站名	站次	站名
1	泾河源（三）	11	蒿店	16	彭阳	18	黄家河

（5）CBT 逐日平均含沙量表（4 站）（表 2-17）

表 2-17　CBT 逐日平均含沙量表

站次	站名	站次	站名	站次	站名	站次	站名
1	泾河源（三）	11	蒿店	16	彭阳	18	黄家河

（6）QPT 洪水水文要素摘录表（4 站）

根据当年实际情况统计。

（7）PAT 逐日降水量表（38 站）

具体站点见附表 3。

（8）PPT 降水量摘录表（38 站）

具体站点见附表 3。

（9）PET 各时段最大降水量表（1）（38 站）

具体站点见附表 3。

（10）EAT 逐日水面蒸发量表（4 站）（表 2-18）

表 2-18　EAT 逐日水面蒸发量表

站次	站名	站次	站名	站次	站名	站次	站名
3	泾河源	16	蒿店	80	黄家河	81	彭阳

附表 1 各卷册汇编站点汇总表

类别	数量
一、基本水文站	38
4 卷 2 册	33
4 卷 7 册	1
4 卷 8 册	4
二、水位站	8
4 卷 2 册	8
三、基本雨量站	173
4 卷 2 册	111
4 卷 7 册	24
4 卷 8 册	38
四、蒸发站	18
4 卷 2 册	13
4 卷 7 册	2
4 卷 8 册	4

附表 2　水文、水位站一览表

序号	序次	站名	站类	绝对基面	冻结基面对绝对基面高差	实测大断面成果表	实测流量成果表	逐日平均水位表	水位月年统计表	逐日平均流量表	逐日平均悬移质输沙率表	实测悬移质输沙率成果表	逐日平均合沙量表	洪水水文要素摘录表	水温水清素统计表	卷册	所属地市水文机构
1	3	申滩（黄二）	水位	黄海	0.000			√								4卷2册	中卫市
2	4	康滩（二）	水位	黄海	0.000			√								4卷2册	中卫市
3	5	白马（二）	水位	黄海	0.000			√								4卷2册	中卫市
4	7	叶盛	水位	黄海	0.000			√								4卷2册	吴忠市
5	8	石坝	水位	黄海	0.000			√								4卷2册	银川市
6	9	高仁镇	水位	黄海	0.000			√								4卷2册	石嘴山市
7	10	五堆子	水位	黄海	0.000			√								4卷2册	石嘴山市
8	11	红崖子（二）	水位	黄海	0.000			√								4卷2册	石嘴山市
9	20	迎水桥（美二）	水文	假定	0.000	√				√						4卷2册	中卫市
10	21	迎水桥（扶二）	水文	假定	0.000	√				√						4卷2册	中卫市
11	22	申滩（二）	水文	黄海	0.000	√				√						4卷2册	中卫市
12	23	胜金关（二）	水文	假定	0.000	√				√						4卷2册	中卫市
13	24	胜金关（三）	水文	假定	0.000	√				√			√			4卷2册	中卫市

续表

序号	站次	站名	站类	绝对基面	冻结基面对绝对基面高差	实测大断面成果表	实测流量成果表	逐日平均水位表	水位月年统计表	逐日平均流量表	逐日平均悬移质输沙率表	实测悬移质输沙率成果表	逐日平均含沙量表	洪水水文要素摘录表	水温表	冰清统计表	卷册	所属地市水文机构
14	25	原州	水文	黄海	0.000	√	√			√	√		√	√			4卷2册	固原市
15	26	韩府湾（三）	水文	大沽	0.000	√	√			√	√		√	√			4卷2册	固原市
16	27	王团	水文	大沽	0.000	√	√			√	√		√	√			4卷2册	中卫市
17	28	泉眼山（二）	水文	大沽	0.000	√	√	√		√	√		√	√		√	4卷2册	中卫市
18	29	贺堡	水文	假定	0.000	√	√			√	√		√	√			4卷2册	中卫市
19	30	南河子（三）	水文	假定	0.000		√			√	√		√				4卷2册	吴忠市
20	31	鸣沙洲（四）	水文	假定	0.000	√	√			√	√		√	√			4卷2册	吴忠市
21	32	东干渠	水文	黄海	0.000			√	√	√							4卷2册	吴忠市
22	35	余家桥（汉二）	水文	黄海	0.000			√	√	√							4卷2册	吴忠市
23	36	余家桥（马）	水文	黄海	0.000			√		√							4卷2册	吴忠市
24	37	秦坝关（三）	水文	黄海	0.000			√	√	√							4卷2册	吴忠市
25	38	秦民渠	水文	黄海	0.000			√	√	√							4卷2册	吴忠市
26	39	西干渠	水文	黄海	0.000			√		√							4卷2册	吴忠市

续表

序号	站次	站名	站类	绝对基面	冻结基面与绝对基面高差	实测大断面成果表	实测流量成果表	逐日平均水位表	逐日平均水位月年统计表	逐日平均流量表	逐日平均悬移质输沙率表	逐日实测悬移质输沙率成果表	逐日平均含沙量表	洪水水文要素摘录表	水温统计表	卷册	所属地市水文机构
27	40	三棵树	水文	黄海	0.000			√	√	√						4卷2册	吴忠市
28	41	大坝(二)	水文	黄海	0.000			√	√	√						4卷2册	吴忠市
29	42	小坝	水文	黄海	0.000			√	√	√						4卷2册	银川市
30	43	龙门桥	水文	黄海	0.000			√	√							4卷2册	银川市
31	44	新华桥(三)	水文	假定	0.000		√	√		√	√		√			4卷2册	吴忠市
32	45	郭家桥(三)	水文	大沽	0.000	√	√	√	√	√	√	√	√	√		4卷2册	吴忠市
33	46	小泉(二)	水文	假定	0.000	√	√			√						4卷2册	吴忠市
34	47	望洪堡(三)	水文	大沽	0.000	√	√			√	√		√			4卷2册	银川市
35	48	贺家庙(二)	水文	大沽	0.000	√	√			√	√		√			4卷2册	银川市
36	49	通伏堡(二)	水文	大沽	0.000		√			√	√		√	√		4卷2册	石嘴山市
37	50	苏峪口	水文	假定	0.000	√	√			√						4卷2册	银川市
38	51	汝箕沟(三)	水文	假定	0.000	√	√			√	√		√	√		4卷2册	石嘴山市
39	52	大武口(三)	水文	黄海	0.000	√	√			√	√		√	√		4卷2册	石嘴山市

续表

序号	站次	站名	站类	冻结基面与绝对基面高差 绝对基面	高差	成果表项 实测大断面成果表	实测流量成果表	逐日平均水位表	水位月年统计表	逐日平均流量表	逐日平均悬移质输沙率表	实测悬移质输沙率成果表	逐日平均含沙量表	洪水水文要素摘录表	水温冰情统计表	卷册	所属地市水文机构
40	53	熊家庄（三）	水文	大沽	0.000		√	√		√			√			4卷2册	石嘴山市
41	54	石嘴山（三）	水文	大沽	0.000		√	√		√			√			4卷2册	石嘴山市
42	15	隆德（二）站	水文	黄海	−0.013		√	√		√						4卷7册	固原市
43	1	泾河源（三）	水文	黄海	0.000	√	√	√		√	√		√	√		4卷8册	固原市
44	11	蒿店	水文	假定	0.000	√	√			√	√		√	√		4卷8册	固原市
45	16	彭阳	水文	黄海	0.000	√	√			√	√		√	√		4卷8册	固原市
46	18	黄家河	水文	假定	0.000	√	√			√	√		√	√		4卷8册	固原市

备注：洪水水文要素摘录表根据实际情况统计

附表 3 各卷册降水、蒸发站一览表

序号	站次	测站编码	水系	河名	站名	站别	型式	降雨日表	摘录表	表 (1)	蒸发日表	卷册	
1	1	40520350	黄河	兴仁川	三眼井	降水	20cmJDZ02	√	√	√		4	2
2	2	40520450	黄河	高崖沟	梁家水园	降水	20cmJDZ02	√	√	√		4	2
3	4	40520550	黄河	嘤呱子沟	上石棚	降水	20cmJDZ02	√	√	√		4	2
4	5	40520700	黄河	三个窖沟	红泉	降水	20cmJDZ02	√	√	√		4	2
5	6	40520900	黄河	第一排水沟	胜金关	水文	20cmJDZ02	√	√	√	20 cm	4	2
6	7	40521300	黄河	清水河	开城	降水	20cmJDZ01	√	√	√		4	2
7	8	40521350	黄河	清水河	郭庙	降水	20cmJDZ02	√	√	√		4	2
8	9	40521450	黄河	清水河	柯庄	降水	20cmJDZ02	√	√	√		4	2
9	10	40521400	黄河	清水河	二十里铺	降水	20cmJDZ02	√	√	√		4	2
10	11	40521500	黄河	清水河	吕家庄	降水	20cmJDZ02	√	√	√		4	2
11	12	40521550	黄河	清水河	青石峡	降水	20cmJDZ02	√	√	√		4	2
12	13	40521420	黄河	清水河	原州	水文	20cmJHT01	√	√	√	20 cm、E601	4	2
13	14	40521800	黄河	清水河	沈家河水库	降水	20cmJDZ02	√	√	√		4	2
14	15	40522250	黄河	东至河	硝口	降水	20cmJDZ01	√	√	√		4	2
15	16	40522300	黄河	东至河	上店子	降水	20cmJDZ02	√	√	√		4	2

续表

序号	站次	测站编码	水系	河名	站名	站别	型式	降雨日表	摘录表	表（1）	蒸发日表	卷册
16	17	40522450	黄河	东至河	海子峡	降水	20cmJDZ01	√	√	√		4	2
17	18	40522500	黄河	东至河	吴家磨	降水	20cmJDZ02	√	√	√		4	2
18	19	40523300	黄河	杨明河	红羊	降水	20cmJDZ01	√	√	√		4	2
19	20	40523350	黄河	杨明河	杨明	降水	20cmJDZ02	√	√	√		4	2
20	21	40523500	黄河	臭水河	偏坡	降水	20cmJDZ02	√	√	√		4	2
21	22	40523550	黄河	臭水河	白崖	降水	20cmJDZ02	√	√	√		4	2
22	23	40523650	黄河	中河	寺口子	降水	20cmJDZ01	√	√	√		4	2
23	24	40523800	黄河	苋麻河	小南川	降水	20cmJDZ02	√	√	√		4	2
24	25	40523850	黄河	苋麻河	郑旗	降水	20cmJDZ01	√	√	√		4	2
25	26	40524000	黄河	苋麻河	苋麻河水库	降水	20cmJDZ01	√	√	√		4	2
26	27	40524150	黄河	双井子沟	炭山	降水	20cmJDZ02	√	√	√		4	2
27	28	40524250	黄河	双井子沟	甘城	降水	20cmJDZ01	√	√	√		4	2
28	29	40524350	黄河	清水河	韩府湾	水文	20cmJHT01	√	√	√	20 cm、E601	4	2
29	30	40524400	黄河	折死沟	杨家岔	降水	20cmJDZ02	√	√	√		4	2
30	31	40524450	黄河	折死沟	陈石峋	降水	20cmJDZ02	√	√	√		4	2

续表

序号	站次	测站编码	水系	河名	站名	站别	型式	降雨日表	摘录表	表(1)	蒸发日表	卷册	
31	32	40524500	黄河	折死沟	子旺	降水	20cmJDZ02	√	√	√		4	2
32	33	40525400	黄河	关庄沟	关庄	降水	20cmJDZ02	√	√	√		4	2
33	34	40525700	黄河	园河	种田	降水	20cmJDZ02	√	√	√		4	2
34	35	40525750	黄河	园河	硷滩口	降水	20cmJDZ02	√	√	√		4	2
35	36	40525800	黄河	园河	相桐川	降水	20cmJDZ02	√	√	√		4	2
36	37	40525850	黄河	园河	园河	降水	20cmJDZ02	√	√	√		4	2
37	38	40526000	黄河	麻春河	舒湾	降水	20cmJDZ02	√	√	√		4	2
38	39	40526050	黄河	大沙河	蒿子川	降水	20cmJDZ02	√	√	√		4	2
39	40	40526100	黄河	贺堡河	山门	降水	20cmJDZ02	√	√	√		4	2
40	41	40526200	黄河	贺堡河	闵家墒	降水	20cmJDZ02	√	√	√		4	2
41	42	40526250	黄河	贺堡河	张湾	降水	20cmJDZ02	√	√	√		4	2
42	43	40526300	黄河	贺堡河	涧沟堡	降水	20cmJDZ02	√	√	√		4	2
43	44	40526350	黄河	贺堡河	谢家源	降水	20cmJDZ02	√	√	√		4	2
44	45	40526400	黄河	贺堡河	下塬	降水	20cmJDZ02	√	√	√		4	2
45	46	40526500	黄河	贺堡河	贺堡	水文	20cmJDZ02	√	√	√		4	2

续表

序号	站次	测站编码	水系	河名	站名	站别	型式	降雨日表	摘录表	表(1)	蒸发日表	卷册
46	47	40526550	黄河	西河	关桥	降水	20cmJDZ02	√	√	√		4	2
47	48	40526650	黄河	马营河	马营	降水	20cmJDZ02	√	√	√		4	2
48	49	40526700	黄河	杨坊河	满庄	降水	20cmJDZ02	√	√	√		4	2
49	50	40526750	黄河	马营河	双河堡	降水	20cmJDZ01	√	√	√		4	2
50	51	40526850	黄河	清水河	三分湾	降水	20cmJDZ02	√	√	√		4	2
51	52	40527150	黄河	清水河	王团	水文	20cmJHT01	√	√	√	20 cm, E601	4	2
52	53	40527200	黄河	边浅沟	窑山	降水	20cmJDZ02	√	√	√		4	2
53	54	40527300	黄河	金鸡儿沟	徐套	降水	20cmJDZ02	√	√	√		4	2
54	55	40527400	黄河	金鸡儿沟	金鸡儿沟	降水	20cmJDZ02	√	√	√		4	2
55	56	40527500	黄河	清水河	马家河湾	降水	20cmJDZ02	√	√	√		4	2
56	57	40527600	黄河	大红沟	校育川	降水	20cmJDZ02	√	√	√		4	2
57	58	40527700	黄河	长沙河	喊叫水	降水	20cmJDZ02	√	√	√		4	2
58	59	40528400	黄河	清水河	陈麻井	降水	20cmJDZ02	√	√	√		4	2
59	60	40528600	黄河	清水河	泉眼山	水文	20cmJHT01	√	√	√	20 cm, E601	4	2
60	61	40530200	黄河	大佛寺沟	碱沟山	降水	20cmJDZ02	√	√	√		4	2

续表

序号	站次	测站编码	水系	河名	站名	站别	型式	降雨日表	摘录表	表（1）	蒸发日表		卷册
61	62	40530300	黄河	新寺沟	新寺沟口	降水	20cmJDZ02	√	√	√		4	2
62	63	40531200	黄河	红柳沟	徐冰水	降水	20cmJDZ02	√	√	√		4	2
63	64	40531350	黄河	红柳沟	马段头	降水	20cmJDZ02	√	√	√		4	2
64	65	40531500	黄河	红柳沟	新庄集	降水	20cmJDZ02	√	√	√		4	2
65	66	40531550	黄河	红柳沟	蒋庄子	降水	20cmJDZ02	√	√	√		4	2
66	67	40531600	黄河	红柳沟	马家渠	降水	20cmJDZ02	√	√	√		4	2
67	68	40531650	黄河	红柳沟	红寺堡	降水	20cmJDZ02	√	√	√		4	2
68	69	40531700	黄河	红柳沟	鸣沙洲	水文	20cmJDZ02	√	√	√		4	2
69	70	40531900	黄河	干河子沟	滚泉	降水	20cmJDZ02	√	√	√		4	2
70	72	40532700	黄河	花石沟	大坝车站	降水	20cmJDZ02	√	√	√		4	2
71	73	40533100	黄河	苦水河	萌城	降水	20cmJDZ02	√	√	√		4	2
72	74	40533150	黄河	苦水河	郝家台	降水	20cmJDZ02	√	√	√		4	2
73	75	40533300	黄河	小河	新泉井	降水	20cmJDZ02	√	√	√		4	2
74	76	40533250	黄河	苦水河	隰宁堡	降水	20cmJDZ02	√	√	√		4	2
75	77	40533350	黄河	小河	草原站	降水	20cmJDZ02	√	√	√		4	2

续表

序号	站次	测站编码	水系	河名	站名	站别	型式	降雨日表	摘录表	表 (1)	蒸发日表	卷册	
76	78	40533750	黄河	苦水河	惠安堡	降水	20cmJDZ02	√	√	√		4	2
77	79	40533800	黄河	甜水河	下马关	降水	20cmJDZ02	√	√	√		4	2
78	80	40534050	黄河	盐池内陆河	侯家河	降水	20cmJDZ02	√	√	√		4	2
79	81	40534250	黄河	盐池内陆河	马家滩	降水	20cmJDZ02	√	√	√		4	2
80	82	40534300	黄河	苦水河	石沟驿	降水	20cmJDZ02	√	√	√		4	2
81	83	40534350	黄河	苦水河	侯家桥	降水	20cmJDZ02	√	√	√		4	2
82	84	40534400	黄河	苦水河	郭家桥	水文	20cmJHT01	√	√	√	20 cm、E601	4	2
83	85	40534700	黄河	第一排水沟	望洪堡	水文	20cmJDZ02	√	√	√	20 cm、E601	4	2
84	86	40535200	黄河	大河子沟	磁窑堡	降水	20cmJDZ02	√	√	√		4	2
85	87	40535350	黄河	榆树沟	榆树沟口	降水	20cmJDZ02	√	√	√		4	2
86	88	40535400	黄河	第三排水沟	平吉堡	降水	20cmJDZ02	√	√	√		4	2
87	89	40535700	黄河	第二排水沟	贺家庙	水文	20cmJDZ02	√	√	√	20 cm	4	2
88	90	40535650	黄河	小口子沟	小口子	降水	20cmJDZ02	√	√	√		4	2
89	91	40536200	黄河	苏峪口沟	磷矿	降水	20cmJDZ02	√	√	√		4	2
90	92	40536250	黄河	苏峪口沟	苏峪口	水文	20cmJDZ02	√	√	√	20 cm、E601	4	2

续表

序号	站次	测站编码	水系	河名	站名	站别	型式	降雨日表	摘录表	表（1）	蒸发日表	卷册	
91	93	40536300	黄河	西干渠	金山	降水	20cmJDZ02	∨	∨	∨		4	2
92	94	40536650	黄河	大水沟	大水沟口	降水	20cmJDZ02	∨	∨	∨		4	2
93	95	40536700	黄河	第三排水沟	下庙	降水	20cmJDZ02	∨	∨	∨		4	2
94	96	40537250	黄河	汝箕沟	西沟门	降水	20cmJDZ02	∨	∨	∨		4	2
95	97	40537400	黄河	汝箕沟	黄草滩	降水	20cmJDZ02	∨	∨	∨		4	2
96	98	40537450	黄河	汝箕沟	汝箕沟	水文	20cmJHT01	∨	∨	∨		4	2
97	99	40537800	黄河	第三排水沟	平罗	降水	20cmJQR01	∨	∨	∨	20 cm，E601	4	2
98	100	40538250	黄河	大武口沟	呼鲁斯太	降水	20cmJDZ02	∨	∨	∨		4	2
99	101	40538300	黄河	大武口沟	八号泉	降水	20cmJDZ02	∨	∨	∨		4	2
100	102	40538350	黄河	大武口沟	塔塔沟	降水	20cmJDZ02	∨	∨	∨		4	2
101	103	40538400	黄河	大武口沟	三矿	降水	20cmJDZ02	∨	∨	∨		4	2
102	104	40538470	黄河	大武口沟	石炭井	降水	20cmJDZ02	∨	∨	∨		4	2
103	105	40538500	黄河	大武口沟	大灯沟	降水	20cmJDZ02	∨	∨	∨		4	2
104	106	40538550	黄河	大武口沟	马连滩	降水	20cmJDZ02	∨	∨	∨		4	2
105	107	40538600	黄河	大武口沟	大武口	水文	20cmJHT02	∨	∨	∨		4	2

续表

序号	站次	测站编码	水系	河名	站名	站别	型式	降雨日表	摘录表	表(1)	蒸发日表	卷	册
106	108	40538650	黄河	星海湖	星海	降水	20cmJQR01	√			20 cm，E601	4	2
107	109	40539000	黄河	都思兔河	苦水沟	降水	20cmJDZ02	√	√	√		4	2
108	110	40539050	黄河	第五排水沟	能家庄	水文	20cmJDZ02	√	√	√		4	2
109	111	40539300	黄河	第三排水沟	达家梁子	降水	20cmJDZ02	√	√	√	20 cm	4	2
110	112	40539400	黄河	正谊关沟	正谊关	降水	20cmJDZ02	√	√	√		4	2
111	113	40539450	黄河	第三排水沟	石嘴山	水文	20cmJDZ02	√	√	√	20 cm，E601	4	2
112	38	41123000	渭河	葫芦河	月亮山	降水	20cmJDZ01	√	√	√		4	7
113	39	41123100	渭河	葫芦河	黄家川	降水	20cmJDZ02	√	√	√		4	7
114	40	41123200	渭河	车路沟	北庄	降水	20cmJDZ02	√	√	√		4	7
115	41	41123250	渭河	车路沟	鹋川	降水	20cmJDZ02	√	√	√		4	7
116	42	41123300	渭河	车路沟	车路沟	降水	20cmJDZ02	√	√	√		4	7
117	43	41123350	渭河	车路沟	旧堡	降水	20cmJDZ01	√	√	√		4	7
118	44	41123400	渭河	车路沟	大坪沟	降水	20cmJDZ02	√	√	√		4	7
119	45	41123450	渭河	车路沟	夏寨	水文	20cmJDZ02	√	√	√		4	7
120	46	41123495	渭河	马莲川河	红庄	降水	20cmJDZ02	√	√	√		4	7

续表

序号	站次	测站编码	水系	河名	站名	站别	型式	降雨日表	摘录表	表 (1)	蒸发日表	卷册	
121	46	41123500	渭河	马莲川河	张易	降水	20cmJDZ01	✓	✓	✓		4	7
122	47	41123600	渭河	马莲川河	马连川	降水	20cmJDZ02	✓	✓	✓		4	7
123	48	41123650	渭河	葫芦河	将台	降水	20cmJDZ02	✓	✓	✓		4	7
124	49	41123800	渭河	滥泥河	蒙宣	降水	20cmJDZ01	✓	✓	✓		4	7
125	50	41123850	渭河	滥泥河	兴平	降水	20cmJDZ01	✓	✓	✓		4	7
126	51	41123900	渭河	滥泥河	平峰	降水	20cmJDZ02	✓	✓	✓		4	7
127	52	41124000	渭河	什字路沟	什字	降水	20cmJDZ01	✓	✓	✓		4	7
128	53	41124050	渭河	葫芦河	兴隆	降水	20cmJDZ02	✓	✓	✓		4	7
129	55	41124200	渭河	清流河	杨家店	降水	20cmJDZ01	✓	✓	✓		4	7
130	56	41124250	渭河	清流河	丰台	降水	20cmJDZ01	✓	✓	✓		4	7
131	57	41124350	渭河	清流河	郭岔	降水	20cmJDZ01	✓	✓	✓		4	7
132	58	41124400	渭河	清流河	隆德	水文	20cmJDZ01	✓	✓	✓	20 cm, E601	4	7
133	59	41124450	渭河	渝河	清凉寺	降水	20cmJDZ01	✓	✓	✓		4	7
134	60	41124550	渭河	渝河	沙塘	降水	20cmJDZ01	✓	✓	✓		4	7
135	65	41124950	渭河	甘渭河	山河	降水	20cmJDZ01	✓	✓	✓	20 cm	4	7

续表

序号	站次	测站编码	水系	河名	站名	站别	型式	降雨日表	摘录表	表（1）	蒸发日表	卷	册
136	1	41220150	泾河	泾河	王花兰	降水	20cmJDZ02	√	√	√		4	8
137	2	41220300	泾河	泾河	龙潭	降水	20cmJDZ02	√	√	√		4	8
138	3	41220350	泾河	泾河	泾河源	水文	20cmJHT01	√	√	√	20 cm，E601	4	8
139	4	41220450	泾河	香水河	西峡	降水	20cmJDZ02	√	√	√		4	8
140	5	41220550	泾河	香水河	沙南	降水	20cmJDZ02	√	√	√		4	8
141	6	41220700	泾河	暖水河	米岗	降水	20cmJDZ02	√	√	√		4	8
142	7	41220750	泾河	暖水河	沙塘川	降水	20cmJDZ02	√	√	√		4	8
143	8	41220800	泾河	颉河	大湾	降水	20cmJDZ02	√	√	√		4	8
144	9	41220850	泾河	颉河	和尚铺	降水	20cmJDZ02	√	√	√		4	8
145	10	41220900	泾河	颉河	瓦亭	降水	20cmJDZ02	√	√	√		4	8
146	11	41220950	泾河	颉河	什字	降水	20cmJDZ02	√	√	√		4	8
147	12	41221000	泾河	清水沟	东山坡	降水	20cmJDZ01	√	√	√		4	8
148	13	41221050	泾河	清水沟	半个山	降水	20cmJDZ02	√	√	√		4	8
149	14	41221100	泾河	清水沟	玉保沟	降水	20cmJDZ02	√	√	√		4	8
150	15	41221150	泾河	清水沟	清水沟	降水	20cmJDZ02	√	√	√		4	8

序号	站次	测站编码	水系	河名	站名	站别	型式	降雨日表	摘录表	表(1)	蒸发日表	卷册	
151	16	41221220	泾河	颉河	嵩店	水文	20cmJDZ02	√	√	√	20 cm，E601	4	8
152	31	41222550	泾河	箦底河	石沟阳洼	降水	20cmJDZ02	√	√	√		4	8
153	32	41222600	泾河	箦底河	新民	降水	20cmJDZ02	√	√	√		4	8
154	36	41223000	泾河	红河	石家沟	降水	20cmJDZ02	√	√	√		4	8
155	44	41223460	泾河	安家川河	罗洼	降水	20cmJDZ02	√	√	√		4	8
156	45	41223470	泾河	安家川河	石沟	降水	20cmJDZ02	√	√	√		4	8
157	48	41223600	泾河	安家川河	冯庄	降水	20cmJDZ02	√	√	√		4	8
158	67	41224850	泾河	茹河	青石嘴	降水	20cmJDZ02	√	√	√		4	8
159	68	41224900	泾河	茹河	马华沟	降水	20cmJDZ01	√	√	√		4	8
160	69	41225000	泾河	茹河	任河	降水	20cmJDZ02	√	√	√		4	8
161	70	41225050	泾河	茹河	店子洼	降水	20cmJDZ01	√	√	√		4	8
162	71	41225100	泾河	小河	寨科	降水	20cmJDZ01	√	√	√		4	8
163	72	41225150	泾河	小河	党家沟	降水	20cmJDZ01	√	√	√		4	8
164	73	41225200	泾河	小河	官厅	降水	20cmJDZ02	√	√	√		4	8
165	74	41225250	泾河	小河	王洼	降水	20cmJDZ01	√	√	√		4	8

续表

序号	站次	测站编码	水系	河名	站名	站别	型式	降雨日表	摘录表	表（1）	蒸发日表	卷	册
166	76	41225400	泾河	小河	石岔	降水	20cmJDZ02	√	√	√		4	8
167	77	41225450	泾河	小河	马河	降水	20cmJDZ01	√	√	√		4	8
168	78	41225500	泾河	小河	共和	降水	20cmJDZ02	√	√	√		4	8
169	79	41225550	泾河	小河	马坪	降水	20cmJDZ02	√	√	√		4	8
170	80	41225600	泾河	小河	黄家河	水文	20cmJHT01	√	√	√	20 cm、E601	4	8
171	81	41226000	泾河	茹河	彭阳	水文	20cmJDZ02	√	√	√	20 cm、E601	4	8
172	82	41226100	泾河	茹河	坡阳	降水	20cmJDZ02	√	√	√		4	8
173	83	41226150	泾河	草庙河	草庙	降水	20cmJDZ02	√	√	√		4	8

3 水文监测技术细则

3.1 降水量观测

3.1.1 降水概念及分类

3.1.1.1 降水

降水是指在大气中水汽凝结后以液态水或固态水降落到地面的现象。降水是地表水和地下水的来源，是水文循环的重要环节。

3.1.1.2 降水量与降水强度

降水量是指一定时段内从大气中降落到地面的液态水与固态水，在无渗透、蒸发、流失情况下积聚的水层深度，单位为毫米（mm）。水文上降水量观测时间以北京时间每日 8 时为日分界，即前一日 8 时至本日 8 时的降水总量作为前一日的降水量。

降水强度是指单位时间内的降水量，常用单位是毫米/日（mm/d）、毫米/小时（mm/h）。

3.1.1.3 降水的分类

降水按物理特征分为雨、雪、雹、霜、雨夹雪等。

降雨按降水强度大小分为：小雨、中雨、大雨、暴雨、大暴雨和特大暴雨 6 种（表 3-1）。

降雪按降水强度大小分为：小雪、中雪、大雪和暴雪（表 3-2）。

表 3-1　各类雨的降水量标准

单位：mm

种类	24 h 降水量	12 h 降水量
小雨	<10.0	<5.0
中雨	10.0~24.9	5.0~14.9
大雨	25.0~49.9	15.0~29.9
暴雨	50.0~99.9	30.0~69.9
大暴雨	100.0~249.9	70.0~139.9
特大暴雨	≥250.0	≥140.0

表 3-2　各类雪的降水量标准

单位：mm

种类	24 h 降水量	12 h 降水量
小雪	<2.5	<1.0
中雪	2.5~4.9	1.0~2.9
大雪	5.0~9.9	3.0~5.9
暴雪	≥10.0	≥5.0

3.1.1.4　降水物符号

遇固态降水物时，应记录降水物符号，降水物符号应记于降水量数值的右侧（表 3-3）。

表 3-3　降水物符号表

降水物	雪	有雨，也有雪	有雹，也有雪	雹或雨夹雹	霜	雾	露
降水物符号	★	●★	A★	A	U	≡	Ω

3.1.2　降水观测场地设置

降水量观测应设置地面观测场。当地面观测场环境不符合要求时，可设置杆式观测场。特殊情况下，专用雨量站可设置房顶观测场。

3.1.2.1 地面观测场环境

（1）观测场地应避开强风区，其周围应空旷、平坦、不受突变地形、树木和建筑物影响。

（2）观测场不能完全避开建筑物、树木等障碍物的影响时，雨量器（计）离开障碍物边缘的距离应大于障碍物顶部与仪器口高差的2倍。

（3）在山区，观测场不宜设在陡坡上、峡谷内和风口处，应选择相对平坦的场地，使承雨器口至山顶的仰角不大于30°。

（4）场内仪器之间、仪器与栏栅之间的间距不小于2 m。仅设一台雨量器（计）时为4 m×4 m；同时设置雨量器和自记雨量计各一台时为4 m×6 m。

（5）场内地面应平整，保持均匀草层，草高不宜超过20 cm。设置的小路和门应便于观测，路宽不大于0.5 m。

（6）观测场四周应设置不高于1.2 m的防护栏栅，栏栅条的疏密不应影响降水量观测精度。

（7）观测场应设立警示标志，划定保护范围。承雨器口至障碍物顶部高差的2倍距离为保护范围，不应有建筑物，不应栽种树木和高秆作物。

（8）如试验和比测需要设置多台观测仪器时，观测场面积和仪器布置等应使观测仪器之间相互不受影响，满足观测精度要求。

3.1.2.2 杆式观测场环境

（1）杆式雨量器（计）应设置在当地雨期常年盛行风向的障碍物的侧风区。

（2）在多风的高山、出山口的雨量站，不宜设置杆式雨量器（计）。

（3）杆位至障碍物边缘的距离应大于障碍物高度1.5倍，并应避开电力线路。

3.1.2.3　房顶观测场环境

（1）观测场可设在与四周其他障碍物高度基本一致的平顶房顶上。在空旷、平坦地区，独立房屋的房顶上不宜设置雨量器（计）。

（2）承雨器口应高于房顶上的障碍物，至其他障碍物的最大仰角不大于30°。

（3）雨量器（计）至墙体和房顶上障碍物边缘的距离不小于2 m。

（4）设置安全防护设施。

3.1.3　降水量观测仪器安装与维护

降水量观测仪器分为自记雨量计和人工雨量器两类。宁夏自记雨量计多为精度0.1 mm和0.2 mm的翻斗式自记雨量计，部分站点为精度0.1 mm称重式雨雪量计，自记雨量计安装高度为0.7 m或1.2 m（部分野外杆式雨量器高度为2.5~3.0 m）。人工均为20 cm口径雨量器，安装高度为0.7 m。各种降水量观测仪器的承雨器器口必须水平（翻斗式自记雨量计还要调整内部水准泡居中）。

3.1.3.1　翻斗式自记雨量计

（1）仪器简述与结构

翻斗式自记雨量计可通过RTU及配套自动化系统实现数据自动采集传输。仪器主要用于降雨量观测。仪器由筒身、底座、翻斗三大部分组成，不适用于降雪观测。

（2）工作原理

降水通过承雨器漏斗进入到雨量计，当一定雨量流入翻斗到达一定数值时（仪器精度）使得翻斗发生偏转，同时翻斗上磁钢与支架上干簧管接触、断开即完成一次信号，每个信号对应相应的仪器分辨率，信号通过

RTU 传输遥测平台，如此往复，完成降雨量的采集与记录。

（3）安装方法

① 雨量传感器固定于埋入土中的混凝土底座上。用水平尺校正器口水平。

② 从仪器底座的橡胶电缆护套穿进，固定在计量组件上方的接线架上：地线（屏蔽线）居中，另两芯分别在左、右接线柱上，压线螺帽压紧。

③ 将雨量信号线与采集器雨量接口、蓄电池接口与采集器接口相连。

④ 接线后，调整调平螺帽，使圆水泡居中，仪器调平后，用螺钉锁紧。

⑤ 用手轻轻拨转翻斗部件，检查信号是否正常。

⑥ 套上筒身，用三个滚花螺钉锁紧。

⑦ 安装完毕，进行三次滴水试验：注水试验前应注入 5~10 mm 清水湿润过水部件，并检查翻斗运转是否灵活，信号是否正常（每次滴水不少于 10 mm，模拟 1.5~2.5 mm/min 的降雨强度注入）。

⑧ 在投入使用前，应检查设置各参数是否正确，然后清零。

⑨ 检查蓄电池电压是否满足 10.6~14.4 V，再投入使用。

（4）维护保养

翻斗式自记雨量计性能稳定可靠，测量准确性好。造价低，采用机械结构，稳定直观易于维护。

① 翻斗式自记雨量计的现场维护主要是防尘防堵。巡测时检查清理，保证承雨器内部干净通畅。检查信号线、电源线保证完好，发现异常及时处理。打开雨量筒，断开电源线，用清水毛刷清理干净翻斗及小漏斗，不可用手直接接触漏斗内部。调整翻斗底座使水准泡居中，连接信号线，按照要求模拟不同雨强做滴水实验，结束后安装雨量筒，保证承雨器处于水平状态。

② 翻斗式自记雨量计在停用期间器口应加盖。

③ 翻斗式自记雨量计是否满足精度的重点是安装调试，专业人员按规定正确的方法安装调试后，不受外力干扰，记录精度和连续性。常见的问题是承雨器漏斗堵塞，信号线断开和电量过低。当遇到硬件损坏等故障不能处理时，每年汛期结束（10 月份）应及时统计相关站点情况上报省（区）水文机构。

④ 无人驻守的站点可通过安装立柱等措施做好防盗工作。

3.1.3.2 称重式雨雪量计

（1）技术参数

① 采用高精度精密称重传感器，雨量精度可达到 0.01 mm，观测时间最少可达 1 分钟。

② 基于水文规范标准 20 cm 口径。

③ 采用称重原理，测量不受雨雪影响。

④ 通讯中断本地存储数据可达 10 年，可以本地拷贝，通讯恢复自动上传服务器。

⑤ 系统具有远程手动加测功能，现场配有触摸屏可方便本地观测。

⑥ 主机系统具有远程升级功能，能支持连接所有水文通讯设备，通讯协议符合水文通讯规约。

（2）工作原理

该设备采用高精度压力传感原件，可稳定高精度的对固态、液态以及固液混合态降水进行自动化测量并存储相关数据。在分辨率为 0.1 mm 的情况下，雨量计会每隔 6 秒钟测量一次含有雨水的收集桶的重量，测量值与空桶的重量之差就是当前降水的重量。通过对 6 秒钟内多个原始数据的计算可以过滤掉一些风力、蒸发等因素引起的奇异值。

（3）安装说明

① 雨量计底座安装：将雨量计底座水平固定在需要安装的地点，如图3-1所示。

② 将内部盛水（雪）容器水平放置在底座上，注意位置一定要居中放置。

③ 将雨量计外壳从上面放下，注意对准螺孔位置，将螺丝固定。每个雨量计和底座有对应编号，请对应安装，出厂时有黑色记号笔标注对孔位置。

④ 将线缆接到 RTU 箱内部的接线端子上，电源正负极和485通讯A、B口，均有标注。

⑤ 若有气象设备则需要再立杆安装，太阳能板朝向南，倾斜45°。

（4）数据校验操作方法

用国家标准量筒量取一定量的水倒入雨量计中，5 min 后可以看到雨量值。

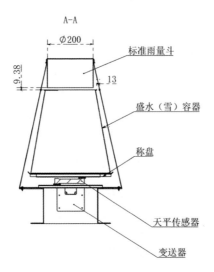

图 3-1 称重式雨雪量计示意图

（5）雨量计的维护

① 雨量计为称重雨雪量计，所以在雨雪下满盛水（雪）桶后需要人工去清理，不一定需要全部清理干净，系统会自己重新开始计量。

② 定期检查雨量承雨口，雨量承雨口内需保持清洁，避免沙尘与杂物堵塞承雨口。

③ 太阳能板光面需保持清洁，尘土附着后会影响发电效率。

④ 注意除蚁除虫，野外设备定期进行必要的查看。

⑤ 建议每 3 个月进行一次称重雨量计的维护。

⑥ 每年进行一次雨量计准确度校验，可通过定量加水测试雨量。

⑦ 在冬季来临时应加入适合本地温度的防冻液，在低温高于零度时，将防冻液倒掉即可（由专业人员维护完成）。为避免受风场影响，一般在雨量器外围加装防风圈，防风圈高度为 400 mm，圈体直径上部 1 050 mm，中部 660 mm，下部 500 mm，叶片排列均匀。

3.1.3.3　人工雨量器

（1）仪器特点及结构

人工雨量器是最简单的降水量观测设备，结构简单造价低，在宁夏地区应用广泛。仪器由承雨器、储水瓶和外筒组成，口径 20 cm，配合专用量杯使用。外筒内有一储水瓶（玻璃、塑料材质），带漏斗的承雨器插入瓶内。仪器安装高度 0.7 m，适用于驻测站或有委托观测员的站点，可全年观测液态、固态降水，但不能自动化观测，不能观测降水过程，仅能观测降水总量。

（2）安装方法

将支架脚牢固埋入土中，将雨量器置上，使器口水平。高度为 0.7 m。

（3）使用方法

① 人工雨量器采用分时段，观测段次根据《测验任务书》或上级有

关规定确定。宁夏多为4段制或2段制观测。

② 降雨观测：取下承雨器，取出储水瓶用配套量杯直接量取降水量，观察外筒内是否有溢出雨水（储水瓶容量为70 mm左右），若有也要一同量取，一并记录到专用记录本上。量取完毕后倒净储水瓶及筒身内的雨水，复原后继续观测。

③ 固态降水（雪、雹）观测：观测降雪时去掉承雨器、取出储水瓶，用筒身直接承雪，8时将筒身取回屋内，用量杯量取适量温水导入雪中，使其融化，然后用量杯量取总量，减去加入的温水量即为降雪量。冰雹一般出现在夏季，雹量较小时，会自动融化，观测方法与降雨观测一致，当雹量较大时，与降雪观测方法一致。冰雹粒径较大时，可选取几颗代表性冰雹量取平均直径，并挑选测量最大冰雹直径。所测直径为三个方向直径的平均值，记至0.1 mm，并在降水观测记载簿中记录说明。

（4）注意事项

① 人工雨量器结构简单，只要安装位置合理，其观测精度可以满足要求。重点是器口水平，不受碰撞，器身稳定，使用配套量杯。

② 不能用温度较高的水融雪。

③ 降水量小时，降水停止后，若能判断不再继续降水，应及时观测，以免引起蒸发误差。

3.2 水面蒸发量观测

3.2.1 蒸发的概念

3.2.1.1 水面蒸发

水面蒸发是指液体表面发生的汽化的现象。

水面蒸发量也称蒸发率，是指单位时间内从全部（水）面积蒸发的水量，单位毫米（mm）。

水面蒸发是水循环过程中的一个重要环节，是水量平衡三大要素之一。宁夏地区用于水面蒸发人工观测仪器主要有 E601B 型蒸发器和 20 cm 口径蒸发皿两种。

3.2.1.2　流域或区域陆面蒸发

流域或区域陆面的实际蒸发量是指地表处于自然湿润状态时来自土壤和植物蒸发的水总量，以深度表示。

流域或区域陆面的潜在蒸散量是指在给定气候条件下，覆盖整个地面且供水充分的成片植被蒸发的最大水量能力，以深度表示。

由定义可知无论是实际蒸发量或是潜在蒸散量都难以准确观测获得，在科学研究和工程实际中，多采用观测的水面蒸发量。

3.2.2　蒸发观测场地要求

（1）蒸发场地没有气象辅助项目的场地为 12 m×12 m。

（2）观测场地应平整、清洁，避免产生积水。地面应种草或作物，其高度不宜超过 20 cm。四周应设高约 1.2 m 的围栅，场内铺设 0.3~0.5 m 宽的观测小路。

（3）高的仪器安置在北面，低的仪器安置顺次安置在南面。

（4）仪器之间距离，南北向不小于 3 m，东西向不小于 4 m，与围栅距离不小于 3 m。

3.2.3　蒸发仪器类型

水文蒸发器可分为蒸发皿、标准水面蒸发器和自动蒸发器三种类型。

3.2.3.1　标准水面蒸发器

标准水面蒸发器为 E601 型蒸发器，采用钢板制作，E601B 型进行了改进采用玻璃钢（玻璃纤维增强树脂）制造，隔热性能优于金属，强度、耐腐蚀性也优于金属。目前推广应用的均为 E601B 型蒸发器作为标准水面蒸发器。

（1）仪器结构

E601B 型蒸发器由蒸发桶、水圈、溢流桶、测量装置 4 部分组成，材质一般为玻璃钢（FRP）。蒸发桶为蒸发器的主体部分，器口内径 61.8 cm（面积3 000 cm²），圆柱体高 60 cm，椎体高 8.7 cm（整个仪器高 68.7 cm），如图 3-2 所示。

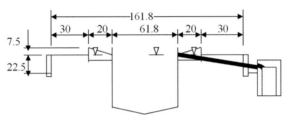

图 3-2　E601B 型蒸发器安装图

（2）工作原理

测定蒸发桶内的水位变化量，得到仪器的蒸发量。应用水位测针人工观读蒸发桶内水位，如有降水或溢流发生，则再由降水量、溢流量计算出蒸发量（前一日 8 时读数-当日 8 时读数+前一日降水量-取水量或溢流量）。

（3）安装要求

① 蒸发器口缘应高出地面约 30 cm，器口高差应小于 0.2 cm。

② 水圈应紧靠蒸发桶，蒸发桶的外壁与水圈内壁的间隙应小于 0.5 cm。小圈的排水孔底和蒸发桶的溢流孔底，应在同一水平面上。

③ 水圈与地面之间应设一宽 50 cm（包括防坍塌墙在内）、高 22.5 cm的土圈。土圈外层的防坍塌墙用砖干砌而成。在土圈的北面留一不大于40 cm 的观测缺口。蒸发桶的观测针座位于观测缺口处。

④ 埋设仪器时宜少扰动原土，坑壁与桶壁的间隙用原土回填捣实。溢

流桶应设在土圈外带盖的套箱内，用胶管将蒸发桶上的溢流嘴与溢流桶相接。安装后，蒸发桶外的雨水应不能从接口处进入溢流桶。

⑤ 冰期有观测蒸发总量需求时，蒸发桶外应设套桶。套桶的内径应稍大于蒸发桶外径，两筒器壁间隙应小于 0.5 cm。

⑥ 检查测针底座是否水平。

⑦ 在蒸发桶中注水至最高水位处，水圈内注水高度应与蒸发桶内水面高度接近。

（4）使用方法

① 宁夏 E601B 型蒸发器使用时间为 4~10 月，贺兰山区部分测站为 5~9 月。

② 每日 8 时前，检查蒸发桶，尤其大雨或大风过后，应查清蒸发器内水有无溅进或溢出。

③ 将测针插到测针座的插孔内。每次观读应该测读两次，在第一次测读后将测针旋转 90~180 度进行第二次测读。要求读至 0.1 mm，两次读数差不大于 0.2 mm，取平均值。否则，应检查测针座是否水平，待调平后重新进行测量。测针尖测记水面高度后，观察水面是否高于或低于水面线 0.1 cm，如超过，及时加（汲）水，并记录在记载表中。（一般仪器有正常水面刻度线，没有刻度时为本站经常保持的水面高度）

④ 遇降雨溢流时，应记录溢流量，溢流量可用台秤称重、量杯测量或量尺读数，但应折算成与标准水面蒸发器相应的毫米数，精度应满足 0.1 mm 的要求。

（5）日蒸发量计算

$$E=P+(h_1-h_2)-Ch_3$$

式中，E 为日蒸发量；P 为日降水量（用自记量）；h_1、h_2 分别为上次和本次测得的蒸发器内水面高度；Ch_3 为溢流量。

（6）注意事项

① 每日使用测针观测前，应检查测针是否完好并能正常使用。

② 每日使用测针时若发现测针有松动现象，应在下次换水时拧紧，重新检查微螺杆是否归零。

③ 当测针读数小于 10 mm 时，应视天气情况适量加水，若当日无降水，一般加水 30 mm 左右，若遇雨天视预测降水情况少加或不加。

④ 遇到较大降水时，应随时观察桶内水面距溢流口的高度，及时用 1 000 mL 量杯取水（量取 3 000 mL 为蒸发桶内 10 mm），以免溢出影响蒸发精度。

⑤ 如果计算出的蒸发量为负值，检查计算和读数过程是否有误，同时确认降水量是否有误，若均没有问题，蒸发量按零处理。若为气象、人为因素导致蒸发量为负，应备注说明。

⑥ 蒸发器周围草长不能超过器口。

（7）维护保养

① 经常检查蒸发桶和水圈的埋设情况，注意桶体是否有渗漏。

② 要保持蒸发桶和水圈清洁，按照《测验任务书》定期进行清洁。

③ 检查测针是否正常、有无变形，注意保养润滑。注意蒸发桶内测针底座是否牢靠，位置是否正确。可用测针在不同方向上测量同一水位的方法进行检查，如果发现不同方向的测量值相差大于 0.2 mm，应调整测针座的位置水平。

3.2.3.2　蒸发皿

（1）仪器结构

蒸发皿是口径 20 cm，壁厚 0.5 mm 的铜质圆形器皿，内径 20 cm，高约 10 cm，口缘是一刃型钢圈，侧壁上有一倒水嘴，上部装有放鸟栅。

（2）工作原理

工作原理和标准水面蒸发器相同，只是水体更小，采用称重法计算日蒸发量。仪器安置在圆木桩上，器口水平，器底不能悬空，仪器安装高度为 0.7 m。

（3）安装要求

① 在安装位置竖立一圆柱支柱，柱顶安装蒸发皿圈架，圈架应有一定深度，将蒸发皿安装其中。

② 蒸发皿外壁不与支柱接触，空气充分流通，支撑体不对蒸发皿有温度影响。

③ 蒸发皿口应保持水平，距地面高度为 70 cm。

（4）使用方法

① 每日 8 时，将器皿取回后使用专用的蒸发台秤称重，禁止使用量杯观测。根据前一日的称重数计算蒸发量，如有降水发生，则再由降水量、取水量计算出蒸发量（前一日称重数−当日称重数+前一日降水量−取水量）。

② 在读数后记录当日 8 时是否结冰（B）。备注栏说明其他情况如"大风"。

（5）蒸发量计算

$$E=P+\ (h_1-h_2)$$

式中，E 为日蒸发量；P 为日降水量（汛期用自记量）；h_1、h_2 分别为上次和本次测得的蒸发器内水面高度。

（6）注意事项

① 每次将器皿取回时，应双手拖稳，防止器皿内水洒出。

② 清洗器皿加水后，应把器皿外壁擦拭干净再称重。

③ 根据降水情况使用 10 mm 雨量器专用量筒取水，以防溢出。

④ 标准水面蒸发器停测期间，可用 20 cm 口径蒸发皿进行监测，折算系数由前期典型时段同步观测成果计算分析而得。

（7）维护保养

① 经常检查蒸发皿是否完好，有无裂痕或口缘变形，蒸发皿是否水平。

② 经常保持器皿清洁，每月定期使用洗涤剂彻底清理。

③ 经常检查放置蒸发器的木桩和圈架是否牢固。

3.2.3.3 自动蒸发器（TEZ601）

（1）注意事项

① 每年加水启用设备，必须及时打开连通水阀和电源空气开关。

② 请选择符合水文蒸发观测规范场地进行规范安装。

③ 请在选择设备安装地点前确保不会对 E601B 型蒸发器造成测量影响。

④ 安装前请先仔细阅读理解操作说明书，以免接线不正确导致设备损坏。

⑤ 在所有接线完成前，请勿给控制器通电，以免发生意外。

⑥ 设备数字信号传输采用高规格铜芯线缆，不可随便用一般电线代替，否则将可能产生错误信号。

⑦ 请尽量避免使用超出电压要求的电源或直接使用交流电，以免造成设备损坏或电源干扰（若有电源突波干扰现象发生，可将主机设备用的电源与动力装置电源分开，或在所有动力装置的电源端接突波吸收器来消除突波）。

（2）安装要求

① 蒸发器安装：与标准蒸发器 E601B 型安装要求一致。

② 雨量计混凝土基础尺寸为 400 mm×400 mm×200 mm，高出地面 10 cm，表面抹光或贴白色面砖。

③ 补水箱挖坑埋入地下，高出地面 10 cm 左右。

④ 若有气象设备则需要再立杆安装，太阳能板朝向南，倾斜 45°。

（3）设备维护

① 定期清洗 E601B 型蒸发器（按规范每月清洗一次），换水时须先把电源开关关上，注意连通管路不要有气泡（换水前把连通开关关上，换水之后再打开，加水至液面距离蒸发皿顶端 7 cm 左右）；完成蒸发皿清洁换水工作之后，打开电源开关（建议换洗时间在早晨 8:00–9:00）。

② 定期检查补水箱，水量至少在 1/3 处以上，确保补水箱内水清洁，防止物体进入补水管道造成堵塞。

③ E601B 型蒸发器内部保持清洁，防止物体进入管道造成堵塞。

④ 定期检查雨量承雨口，雨量承雨口内需保持清洁，避免沙尘与杂物堵塞承雨口。

⑤ 太阳能板光面需保持清洁，尘土附着后会影响发电效率。

⑥ 注意除蚁除虫，野外设备定期进行必要的查看。

⑦ 每年进行一次 E601B 型蒸发器渗漏检验以及连通管渗漏检验，以便及时进行维护或更换，可选非汛期蒸发量较小时间进行。

⑧ 每年进行一次天平准确度校验，可通过定量加水测试雨量，定量减水测试蒸发。

（4）清洗蒸发器注意事项

① 在换水前必须把控制柜电源的空气开关关上。

② 为防止连通管路有气泡，清洗前必须将蒸发器主承水器里的水龙头关闭。

③ 蒸发器清洗后加水至液面距离蒸发皿顶端 7 cm 左右。

④ 上述工作完成后，打开主承水器内的水龙头，再将控制柜电源的空气开关打开。即完成蒸发皿清洗工作（建议换洗时间在早晨 8:00–9:00）。

3.3 水位观测

3.3.1 水位的概念

水位是反映水体、水流变化的水文要素和重要参数，通过水位监测可以了解水体的状态，水位数据可直接为工程建设、防汛抗旱、工程规划设计实施等服务，同时水位是计算断面面积和流量的重要水文要素。

水位是指河流或其他水体（如湖泊、河流、渠道等）的自由水面相对于某一基面的高程，单位以米（m）表示。

3.3.2 基面

3.3.2.1 基面的概念

基面是地面点至水准基面（也称基准面）的铅垂距离。因此，同一地面点，因选取的基准面不同，高程值也会不同。水文学中一般将测量学中的水准基面简称为基面。

3.3.2.2 水文测验常用基面

水文测站中常用的基面主要有绝对基面、假定基面、测站基面和冻结基面。

（1）绝对基面

绝对基面一般是以某一海滨地点的平均海平面的高程定为零的水准基面，称为绝对基面。目前我国采用的标准基面是 1985 国家高程基准（简称国家 85 高程基准、85 高程基准等）。

（2）假定基面

假定基面是为计算水文测站水位或高程而假定的水准基面。

（3）测站基面

测站基面是水文测站选在略低于历年最低水位或河床最低点的一种专用假定基面。测站基面是假定基面的一种。

（4）冻结基面

冻结基面是水文测站首次使用某种基面后，即将其高程固定下来的基面。

为了避免水位高程资料的混乱，保持历年资料的连续一致，防止使用资料时发生差错，测站整编刊印的水位高程资料应采用冻结基面或测站基面。有条件时应及时将冻结基面与现行的国家高程基面相联测，水位资料整编刊印时应同时刊印测站采用基面与绝对基面的差值（或高程之间的换算关系）。在水位资料统计分析应用和有关成果报告中，要给出绝对基面的高程数值。

注意：为了更好地做好水文水资源监测服务，宁夏目前水位日常观测与数据服务应用中均采用 85 基准。在开展年度资料整编刊印时，按照测站的高程换算值，转换至冻结基面和测站基面进行资料整编和刊印。

3.3.3　水准点设置

3.3.3.1　水准点

水准点是用水准测量方法测定达到一定精度的高程控制点。水准点按设立单位和用途分为国家水准点和测站水准点。

国家水准点是国家测绘部门统一规划设置并引测高程的水准点。测站水准点是水文测站为了便于进行水位观测而设立的水准点。

3.3.3.2　测站水准点

测站水准点分为基本水准点、校核水准点和临时水准点 3 种。

（1）基本水准点是水文测站永久性的水准点，应设在测站附近历年最高水位以上，不易损坏且便于引测的地点。基本水准点是测站最重要的水准点，是其他水准点的引测点。

（2）校核水准点是用来引测和检查水文测站断面水尺和其他设备高程的水准点，根据需要设在便于引测的地点。

（3）临时水准点是因水文勘测等工作需要，在特定地点临时设立的水准点。

3.3.3.3　水准点设置基本要求

（1）基本水准点应设在测站附近历年最高洪水位以上，地形稳定、便于引测保护的地点。当测站附近设有国家水准点时，可设置 1 个基本水准点；当测站与国家水准点连测困难时，应在不同的位置设置 3 个基本水准点，其中 1 个水准点设置为明标，2 个设置为暗标。基本水准点之间距离宜为 300~500 m，并应选择一个为常用水准点。

（2）当基本水准点离水尺断面较远时，校核水准点应设在便于引测和稳定的地点。

（3）测站水准点应统一编号，以后无论其高程是否变动，都不应改变其编号，必要时可加辅助编号。

（4）水准点可直接浇筑在基岩或稳定的永久性建筑物上。在基岩上浇筑水准点时，应选择坚固稳定的岩石。

（5）基本水准点的底层最小入土埋深，冻土层厚小于 1.5 m 的地区宜为 2.0 m，或直接浇注在稳定的永久性建筑物（或基岩）上。

（6）明标水准点的标石顶端露出地面埋设，无须设置指示牌，为加强水准点保护，可设置水准点保护井，并盖上井盖。

（7）校核水准点可用长形石料、混凝土桩或钢筋混凝土桩制成，上端凿成或浇注成半圆球形的标志，下端浇注混凝土底座。校核水准点埋设的最小入土深度同基本水准点。

3.3.3.4 水准点高程测量

（1）新建水准点测量要求

凡新建、补设的基本水准点，标石埋设后，一般需要经过一年的时间让其沉降稳定。水准点稳定后才能进行高程测量和启用，基本水准点启用后第一年内进行 3~4 次自校测量，次年按汛前、汛后各校测 1 次，第三年起每年校测 1 次。

（2）高程测量要求

① 基本水准点应不低于三等水准接测。据以引测的国家水准点一经选用，当无特殊情况时不得随意更换。

② 基本水准点高程应从国家二、三等水准点采用不低于三等水准测量方法接测。据以引测的国家水准点一经选用，当无特殊情况时不得随意更换。

③ 校核水准点应从基本水准点采用三等水准接测。当条件不具备时，可采用四等水准测量。

④ 水准点每年均应互校，逢 5 年份或有变动迹象时应引国家水准点校测。

3.3.3.5 水准点高程的使用与变动

（1）当新测高程与原用高程之差不超过往返高差不符值的允许限差，应沿用原用高程。

（2）当新测高程与原用高程之差超过往返高差不符值的允许限差，应通过基本水准点自校系统进行考证分析，如判定为被测水准点发生变动，则确定新高程。

3.3.3.6 水准测量

（1）三等水准测量观测顺序

① 照准后视标尺黑面，读取下，上，中，三丝读数（视距丝、中丝）；

② 照准前视标尺黑面，读取中，下，上，三丝读数（中丝、视距丝）；

③ 照准前视标尺红面，读取中丝读数；

④ 照准后视标尺红面，读取中丝读数。

这样的顺序简称：后-前-前-后（黑黑红红），视距差为后距-前距。

（2）四等水准测量观测顺序

① 后视标尺黑面；

② 后视标尺红面；

③ 前视标尺黑面；

④ 前视标尺红面。

这样的顺序简称：后-前-前-后（黑黑红红），视距差为后距-前距。

（3）水准测量要求

① 水尺零点高程等于往返均值减接尺长（接尺长应为整数，不得出现 0.97 的现象）。

② 安置水准仪三脚架时，宜使其中两脚与水准路线的方向平行，第三脚交替轮换置于路线方向的两侧。

③除路线拐弯外，每测点上仪器和前后视标尺的 3 个位置，应接近于一条直线。

④ 同一站测量时，不应两次调焦。使用自动安平水准仪时，相邻站应交替对准前后视调平仪器。

⑤ 自动安平光学水准仪，在水准测量期间应每天校检一次 i 角，作业开始后的 7 个工作日内，若 i 角较为稳定，以后可每隔 15 天校检 1 次。由

于各测站使用间隔较长，要求使用期间每天均应校检。

注意：三等水准测量记载计算允许技术指标，见表 3-4。

表 3-4　水文三、四等测量允许技术指标

项目 等级	视距/m	前后视距不等差		同尺黑红 面差	同站黑红 面差	左右线高 差不符值	视线高度
		单站	测段累计				
三等	≤75	≤2 m	≤5 m	2 mm	3 mm	±8 k1/2	三丝能读数
四等	≤100	≤3 m	≤10 m	3 mm	5 mm	±14 k1/2	三丝能读数

备注：K 为左右路线长度的平均公里数

3.3.3.7　水准仪检验

选择一平坦地面，相距 80~100 m 左右各打一木桩或放置两个尺垫作为固定点 A、B，将仪器置于中点 C，并使 AC=BC，其间距 L 最好为 10 的倍数，用钢卷尺测距。将水准仪安置于中点 C 处，在 A、B 两点竖立水准尺。测定 A 至 B 点的高差为 $h_1=a_1-b_1$，再将仪器置于 C 点（距B 点 2~3 m）。测定 A 至 B 点的高差为 $h_2=a_2-b_2$，若 i 角大于 20″时，需要校正。

自动安平水准仪与一般水准仪的最主要区别是利用补偿结构微倾装置获得水平视线，同微倾式水准仪一样，要经常进行检验与校正。

补偿器的检查：将仪器安置在三脚架上，调整水准气泡居中，观察读数，再微转脚螺旋，使望远镜微倾，此时读数应和原来读数一样，否则说明补偿器发生故障，需要检修。

3.3.4　水位观测技术要求

3.3.4.1　主要内容

水位观测的内容分为基本项目观测和附属项目观测。

（1）基本项目观测

① 采用水尺观测时，应按照要求测次观读记录水尺读数、观测时间，

计算观读时的水位与日平均水位，或统计每日出现的最高、最低水位。

② 采用自记水位计观测时，应按时校对观测值，出现问题及时调整设备。及时对数据进行整理，每月对资料进行整编。

（2）附属项目观测

① 岸温的观测

岸温是为研究气温与冰情之间的关系，有冰情时观测气温，可将气温计置于观测室外通风、避光线直射处观测，气温记至 0.5℃。

② 水温的观测

水温观测为每日 8 时定时观测及有水质取样要求时，观测水温。因宁夏冬季稳定封冻期较短，全年均应观测水温。水温记至 0.1℃，水温为负值时，改记 0.0。

水温观测一般用刻度不大于 0.2℃的框式水温计、深水温度计。水温计放入水中时间应不少于 5 min，水太浅时，可斜放入水中，但注意不要触及河底。

③ 冰情观测

在基本水尺断面及其附近的可见范围内进行观测。封冻冰层下面被冰花堵塞为冰塞。冰块横跨断面堆积抬高水位为冰坝。

3.3.4.2　基本要求

（1）基本水尺水位的观测次数应符合下列规定

① 水位变化缓慢时，1~3 月、10~12 月每日 8 时、20 时（或 18 时）观测 2 次。

② 水位变化较大或出现较缓慢的峰谷时，每日 2 时、8 时、14 时、20 时观测 4 次。冰期上下午不同冰情时，应 14 时加测水位。

③ 洪水期或水位变化急剧时期，可每 1~6 h 观测一次，暴涨暴落时，

应根据需要增为每半小时或若干分钟测一次，应测得各次峰、谷和完整的水位变化过程。

（2）其他规定

① 设有比降水尺的测站，应根据设站目的需要取得河床糙率资料时，应在测流的开始和终了观测比降水位，每年观测次数依据《测验任务书》执行。

② 当水位的涨落需要换水尺观测时，应对两支相邻水尺同时比测一次。

③ 各巡测站固定日测流，只填记平均时间、水位、流量、含沙量。

（3）水尺零点高程变动时的水位订正方法

当已确定水尺零点高程在某一段期间内发生渐变时，应在变动前采用原测高程，校后采用新测高程，渐变期间的水位按时间比例改正。

（4）水尺零点高程记载表

测量方法栏填记"四等水准"，校测前后日期，尽量填记上月，两头包的形式。观测应用的设备和水尺零点高程（或固定点等）说明（黄海基面以上米数）。水位记载表每年1月第一页，应填列上年末三组实测流量数据（水位对应流量）及零时数据（水位、流量、含沙量）作为接头资料。

3.3.5 水位观测设备

3.3.5.1 水尺

（1）水尺结构

宁夏地区水位监测普遍采用直立式水尺和倾斜式水尺。

直立式水尺通常由长 1 m、宽 8~10 cm 的搪瓷制成，水尺刻度一般是 1 cm，误差不大于 0.5 mm。当直立式水尺设置或观读有困难时，断面附近有固定的岸坡或者水工建筑物护坡时，可选用倾斜水尺。倾斜水尺首先要计算好岸坡的倾斜角度，换算成对应准确的水尺刻度，水尺刻画一般有两种方式，普通的采用油漆漆画；另外一种就是采用设计好的水尺刻度，使用防水材料喷涂好现场粘贴的方式，两种方法均需要进行定期维护。

（2）水尺布设规范

① 水尺布设的范围，应高于测站历年最高、低于测站历年最低水位 0.5 m。

② 相邻两支水尺的观测范围应有不小于 0.1 m 的重合。

③ 同一组的各支水尺，应设在同一断面线上，特殊原因不在同一线时，最上游与最下游两支水尺之间的同时水位差不应超过 1 cm。

④ 上、下浮标断面的间距应大于最大断面平均流速的 50 倍，条件困难时不得小于最大断面平均流速的 20 倍。

（3）临时水尺设置安装规定

① 发生特大洪水或特枯水位，超出测站原设水尺的观读界限。

② 原水尺损坏。

③ 断面出现分流，超出总流量的 20%。

④ 河道情况变动，原水尺处干涸。

（4）水尺编号规定

① 对设置的水尺必须统一编号，各种编号的排列顺序应为：组号、脚号支号、支号辅助号。组号代表水尺名称，脚号代表同类水尺的各支水尺的次序，支号的辅助号应代表该支水尺零点高程的变动次数或在原处改设的次数。当在原设一组水尺中增加水尺时，应从原组水尺中最后排列的支号连续排列。当某支水尺被毁，新设水尺的相对位置不变时，应在支号后面加辅助号，并用连接符"－"与支号连接，如：Su2-1。

② 当设立临时水尺时，在组号前面应加一符号"T"，支号应按设置的先后次序排列，当校测后定为正式水尺时，应按正式水尺统一编号。

③ 当水尺变动较大时，可经一定时期后将全组水尺重新编号，可一年重编一次。

④ 水尺编号（见表 3-5）应标在直立式水尺的靠桩上部、矮桩式水尺的桩顶上或倾斜式水尺的斜面上的明显位置，以油漆或其他方式标明。

表 3-5 水尺代号

类别	代号	意义
组号	P_2 S_u、S_L c	基本水尺 2 比降上断面水尺、比降下断面水尺 流速仪测流断面水尺

若某组水尺只有一只水尺时，亦要编支号，如：P_1。

（5）水尺零点高程测量规定

① 水尺零点高程的测量，应按四等水准测量的要求进行。

② 往返两次水准测量应由校核水准点开始推算各测点高程。往返两次测量水尺零点高程之差，在允许误差之内时，以两次所测高程的平均值减去截尺长即为水尺零点高程。当超出允许误差时，应予重测。当往返测站数不同时，取允许误差大的值计算，实测误差为往减返。

③ 水尺零点高程的校测次数与时间，应以能掌握水尺零点高程的变动情况，取得准确连续的水位资料为原则（2~3 个月应校核一次①）在每年汛前应将所有水尺全部校测一次，汛后应将本年洪水到达过的水尺全部校测一次。

④ 冲淤严重或漂浮物较多的测站，在每次洪水后，必须对洪水到达过的水尺校测一次。

⑤ 当发现水尺变动或在整理水位观测结果时发现水尺零点高程有疑问，应及时进行校测。

⑥ 新设水尺须经两次水准测量后才能使用，取其均值减尺长（直立式水尺长度为整数，不得出现如 1.03 的现象）为水尺零点高程。

⑦ 水尺零点高程考证表的填写，采用两头包的形式，如：8 月水位记载表校测前应用高程及日期应填写 8 月 1 日以前的测量数据，测定或校测日期填写 8 月最后一次（或 9 月初）的测量数据。

3.3.5.2 雷达水位计

（1）工作原理

雷达水位计采用节能雷达技术测量液位，有发射和接受两个天线，每次测量时发射天线发射雷达脉冲信号到水面，脉冲信号经水面反射后被接收天线检测到，从发射到接收信号的时间（延迟时间）取决于跟水面距离，利用延迟时间跟水面的距离之间的线性关系来实现水位测量。

（2）仪器结构

雷达水位计是利用电磁波探测目标的电子设备。雷达水位计结构包括：水位采集探头、遥测终端、数据发送装置及其他辅助设备。

（3）使用方法

雷达水位计使用前要设置系列参数，如站码、测量时间间隔、基准高程、修正系数等。使用过程中可以从仪器显示部分观读水位，从固定存储中读取水位记录过程，也可从遥测平台获取数据。

（4）注意事项

① 仪器 RTU 机箱部分做好密封，并考虑好防雷问题。

② 定期检查雷达探头牢固性和方向准确性。

③ 定期检查电缆的工作状态和保护状态，通讯传输接口连接处是否可靠。

④ 除了定期检查维护外，还要保证雷达探头不受昆虫、鸟类影响。

3.4 流量测验

3.4.1 流量测验的意义

流量是指流动的水体在单位时间内通过某一截面的数量，在水文学中流量是指单位时间内流过江河（渠道、管道等）某一过水断面的水体体积，常用单位是（m³/s）。

单位流量是指单位时间内水流通过某一单位过水面积上的水流体积。

3.4.2 测验断面布设

3.4.2.1 测验断面

水文测站测验断面根据不同用途分为：基本水尺断面、流速仪测流断面、比降水尺断面、浮标测流断面。基本水尺断面一般设在测验和段中央，可以与流速仪测流断面重合并与流向基本垂直。其他断面可以分别设立，也可以重合。

（1）基本水尺断面

基本水尺断面是为观测水位而设置，通过提供水位变化过程信息资料，推求测站流量等水文要素变化过程。基本水尺断面布设应符合下列要求：

① 基本水尺断面应大致与流向垂直。

② 断面处于水流平顺、两岸水面无横比降，无旋涡、回流、死水等发生，地形条件便于安装自记水位计和其他测验设施设备。

③ 河道基本水尺断面，应设置在顺直河段中间。

④ 基本水尺断面一经设置，不得轻易变动。当遇到不可预见的特殊情况必须迁移断面位置时，应进行新旧断面水位比测，比测的水位级应达到年平均水位变幅的 75% 左右。

⑤ 当河段内有固定分流，其分流量超过断面总流量的 20% 且两者之间没有稳定关系时，宜分别设立水尺断面。

（2）流速仪测流断面

流速仪测流断面是为使用流速仪施测流量而设置的断面，简称测流断面。流速仪测流断面应符合以下要求：

① 若一个断面不能满足不同时期（高、中、低）水的测流，可设置不同时期测流断面，且要求流速仪测流断面与不同时期断面平均流向垂直，偏角不应超过 10°，当超过时，应根据不同时期的流向分别布设测流断面，不同时期各测流断面之间不应有水量加入或分出。

② 若测流断面与基本水尺断面不重合时，应尽量缩短两断面之间的距离，中间不能有支流汇入或水流分出，以满足两断面之间流量相等。

③ 当测流断面与基本水尺断面相距较远时，应在测流断面处设置水尺，方便测流期间观读水位计算面积、流量。

④ 测流断面不具备条件时，要做到相对固定位置，不得随意变换测流位置。并应做到每年流速仪测流断面应有数次测流次数。

（3）浮标测流断面

浮标测流断面是为浮标法施测流量而设置。浮标测流断面有 3 个，即浮标位置和过水断面面积的浮标测流中断面，用于测定浮标漂流速度的上断面和下断面。

浮标测流断面布设应符合以下要求：

① 浮标测流中断面宜与基本水尺断面和流速仪测流断面重合。当困难时可分别设置，但断面之间不应有水量加入或分出。

② 上、下浮标断面必须平行于浮标中断面，且期间河道地形变化小，上、下浮标断面之间距离应大于最大断面平均流速的 50 倍，当条件困难时可适当缩短，但不得小于最大断面平均流速的 20 倍。

（4）比降断面

比降断面是设立比降水尺的断面，用于观测河段比降。在以下情况发生时，应设置：

① 受变动回水影响，需要比降资料推算流量来辅助资料的测站。

② 需要取得河床糙率资料的测站。

③ 采用比降–面积法推求流量的测站。

3.4.2.2　基线及测量标志

（1）基线布设

基线是测验河段在河岸上设置的测量线段，在测验河段进行水文测验和断面测量时，用于经纬仪、平板仪或六分仪等测角交会法推算起点距。基线应垂直于断面设置，基线的起点位于断面线上，基线的长度以使断面上最远一点的仪器视线与断面夹角大于 30°，特殊情况下应大于 15° 为原则。基线的长度应取 10 m 的整倍数，用钢尺或校正过的其他尺子往返测量两次，往返测量不符值应不超过 1‰。

（2）测量标志的布设

当断面位置和基线确定后，应设立断面桩、基线桩、断面标志牌等必要测量标志，以永久确定断面和基线位置。

3.4.2.3　断面测量

（1）断面测量的范围，应为水下部分的水道断面测量和岸上部分的水准测量。水道断面的水深测量结果，应换算为河底高程。岸上部分应测至历年最高洪水位以上 0.5 m。漫滩较远的河流，可测至最高洪水边界；有堤防的河流，应测至堤防背河侧的地面为止。

（2）垂线数目应能满足掌握水道断面形状的要求。

（3）每年汛前应全面（上、中、下断面）施测一次大断面，并在当次洪水后及时施测过水断面部分。

（4）起点距的测量：可采用全站仪、测距仪等直接测得各垂线起点距，第一个标志应正对断面起点距桩，其读数为 0，不能正对断面起点距桩时，可调整至断面起点距一整米数距离处，其读数为该处的起点距。

（5）起点距的校验：每年应在符合现场使用的条件下，采用经纬仪交会法检验 1~2 次。垂线的定位误差不得超过河宽的 0.5%，绝对误差不得超过 1 m。

（6）测量水深时，当 2 次测得水深差值不超过最小水深的 2%时，取 2 次水深的平均值。河底不平整或波浪大时，以及水深小于 1 m 的垂线，其限差按 3%控制。应在施测开始和终了时，应各观测或摘录水位一次。

（7）当流量测验无法实测水深时，可借用河底高程或水深，但必须遵循就近及峰前借峰前、峰后借峰后，峰顶可借用峰后（峰前或前后平均）的原则。

3.4.3　流量测验技术要求

3.4.3.1　基本要求

流量测验应根据水文测站精度、测站运行管理方式等具体情况选用合适的流量测验方式。流量测验次数要满足流量测验规范要求，按照《测验任务书》合理安排。

（1）秒表检查

秒表在正常情况下应每年汛前检查一次。检查时，应以每日误差小于 0.5 min 带秒针的钟表为标准计时，与秒表同时走动 10 min，当读数差不超过±3 s，认为秒表合格。

（2）流速仪测验要求

① 在一次测流的起讫时间内，水位涨落差不应大于平均水深的 10%，

水深较小而涨落急剧的河流不应大于平均水深的 20%.

② 测站单个流速测点上的测速历时宜为 100 s，当洪水期因暴涨、暴落、漂浮物影响较严重时可采用 30.0~60.0 s。

③ 无精简分析的站，平水期 5~7 天应测流一次。

④ 采用涉水测验时，涉水人员应侧向水流方向站立，测速过程中流速仪与测流人员的距离应保持在 0.5 m 以上。

⑤ 在每次使用流速仪之前，必须检查仪器有无污损、变形，仪器旋转是否灵活及接触丝与信号是否正常等情况。

（3）流速仪的比测规定

比测应包括较大、较小流速且分配均匀的 30 个以上的测点，其结果偏差不超过 3%，系统偏差能控制在 ±1% 范围内。没有条件比测的站，仪器使用 1~2 年或 50~80 h 后必须重新检定。当发现流速仪运转不正常或有其他问题时，应停止使用。超过检定日期 2 年以上的流速仪，虽未使用，亦应送检。

3.4.3.2　测验方法

由于流量测验在水文测验中占有重要地位，因此流量测验方法和手段很多，目前在宁夏地区水站流量测验中应用较多的为流速仪法（流速面积法），部分测站枯水期采用水工建筑物、量水堰（水力学法）、比降面积法等。

流速面积法是通过实测断面上的流速与过水断面面积来推求流量的方法。根据测定流速的仪器和方法不同，分为流速仪法（传统转子式流速仪、旋杯流速仪、固定垂线 ADCP 等）、测量表面流速的流速面积法（走航式雷达波流速仪、手持式雷达波流速仪、RG30 等）、测量剖面流速的流速面积法（走航式 ADCP、声学法等）。其中，流速仪法是指通过测量断面上一定测点的流速，推求断面流速分布，是精度较高的方法，是各种流量测验的基准方法。

水力学法是测量水利因素，选用合适的水力学公式来计算流量。水力学法分为水工建筑物测流、量水建筑物测流。其中，水工建筑物分为堰、闸、洞（涵）等。量水建筑物分为量水堰、量水槽等。

（1）流速仪记载表填制方法

① 施测时间：分别填记开始、终止时间，并计算平均时间。比降面积法填记开始时间，终止时间任其空白。

② 风力、风向：宁夏地区只填记顺（↑）、逆（↓）风，如：↑3 表示顺风三级，无风填记 0。

③ 流向：顺流、逆流、停滞分别填记符号 ∧、∨、×。

④ 起点距：水面宽小于 5.0 m，记至 0.00，大于等于 5.0 m，记至 0.0（水边 0 的记法同前）。

⑤ 流速仪测点位置：分别填记相对位置及测点深。水面测速相对位置填记 "0.0"，测点深填记 "水面"。LS–10 型流速仪在水深 0.10~0.15 m 测速此栏空白。

⑥ 流速系数："1" 为空白，其余系数均应记。半深系数为 0.90，水面系数为 0.80（电波流速仪水面系数为 0.80）。LS–10 型流速仪在水深 0.10~0.15 m 测速系数为 "1" 空白。

⑦ 水道断面面积：为过水断面面积与死水面积之和。死水面积不超过断面总面积的 3%时，可作流水处理。大于 3%时，应计算死水面积。

⑧ 水位：分别填记测流开始、终止时间的水尺读数并计算水位。（当水尺零点高程为奇数时，因 "四舍六入" 可能造成与水位平均计算的平均水位不符现象，以水位平均为正确）

⑨ 备注：此栏填记测流断面相对基本水尺断面位置（记至整米数）及

影响流量测验的其它因素（测验河段附近发生的水流顶托、回水、漫滩、河岸决口、冰坝壅水等）。

（2）实测流量计算

断面流量为部分流量之和，部分流量为平均流速与部分面积乘积。即：

$$Q=\sum_{i=0}^{n}\ (l_i+1-l_i)\ \frac{d_i+1+d_i}{2}\times\frac{v_i+1+v_i}{2}$$

式中，Q 为断面流量；l_i 为起点距；d_i 为水深；v_i 为垂线平均流速。

① 岸边流速系数 a 的选取：

斜坡岸边 a 选取 0.70；

陡坡、砌护斜岸岸边 a 选取 0.80；

死水边 a 选取 0.60；

陡岸光滑 a 选取 0.90。

② 垂线平均流速的计算：

$$vI=K\times R\div S+C$$

式中，K 为系数；R 为测点转数；S 为历时；C 为常数。

3.4.4　转子式流速仪

转子式流速仪是转子围绕水流方向的垂直轴或水平轴转动，其转速与周围流体的局部流速形成单值对应关系。

3.4.4.1　仪器结构

仪器由旋转部件、身架部件和尾翼部件组成。其中，旋转部分包括感应部分、支撑系统和传讯机构三个主要部件。转子式流速仪分为垂直轴流速仪和水平轴流速仪两种。

（1）垂直轴流速仪即旋杯式流速仪，此类仪器的旋转轴垂直于水面，我国主要生产的这种仪器有 LS68 型、LS45A 型。

（2）水平轴流速仪即旋桨式流速仪，主要有 LS10 型、LS25−1 型、LS25−3 型等。

3.4.4.2　适用范围

宁夏地区 LS45A 型流速仪测速范围（0.015~3.50 m/s），允许最小水深 0.05 m。LS10 型流速仪测速范围（0.10~4.00 m/s），允许最小水深 0.10 m。其余均采用适合各站水流特性的流速仪。

3.4.4.3　垂线布设

（1）垂线布设

测速垂线的布设宜均匀分布，并应能控制断面地形和流速沿河宽分布的主要转折点，无大补大割。主槽垂线应较河滩为密，见表 3-6、表 3-7 所示。

表 3-6　未经精简分析的常测法测速垂线数目

水面宽/m		<5.0	5.0	50	100
最少测速垂线数	窄深河道	3~5	6	10	12
	宽浅河道		6	10	15

注：水面宽与平均水深的比值小于 100 时为窄深河道，不小于 100 时为宽浅河道

表 3-7　垂线上流速测点分布

水深或有效水深/m		垂线上测点数目和位置	
悬杆悬吊	悬索悬吊	畅流期	冰期
>1.0	>3.0	五点（水面、0.2、0.6、0.8、河底）	
0.6~0.1	2.0~3.0	三点（0.2、0.6、0.8）、两点（0.2、0.8）	
0.4~0.6	1.5~2.0	两点（0.2、0.8）	
0.2~0.4	0.8~1.5	一点（0.6）	
0.16~0.20	0.6~0.8	一点（0.5）	
<0.16	<0.6		

其中，悬索悬吊测流时测点相对水深为流速仪相对水深，必须去除流速仪至铅鱼底部的距离。

（2）计算公式

① 宁夏地区畅流期垂线平均流速仪常用计算公式

一点法：$V_m=V_{0.6}$ $V_m=KV_{0.5}$

二点法：$V_m=1/2（V_{0.2}+V_{0.8}）$

三点法：$V_m=1/3（V_{0.2}+V_{0.6}+V_{0.8}）$

五点法：$V_m=1/10（V_{0.0}+3V_{0.2}+3V_{0.6}+2V_{0.8}+V_{1.0}）$

② 宁夏地区冰期垂线平均流速常用计算公式

一点法：$V_m=KV_{0.5}$

二点法：$V_m=1/2（V_{0.2}+V_{0.8}）$

三点法：$V_m=1/3（V_{0.15}+V_{0.5}+V_{0.85}）$

式中，V_m 为垂线平均流速，单位 m/s；$V_{0.0}$、$V_{0.2}\cdots V_{1.0}$ 依次为各相对水深处的测点流速，单位 m/s；K 为半深系数。

3.4.4.4　注意事项

（1）用任何方法测流，一条垂线上的流速测点间距都不宜小于流速仪旋桨、旋杯的直径。

（2）仪器放置测点时，要使仪器转轴中心偏离该点的偏距不大于 0.1 水深。

（3）畅流期测水面流速时，除满足上述第 2 项要求外，还应使流速仪旋转部件不露出水面。

（4）冰期冰底或冰花底测速时，除满足上述第 2 项要求外，还要使仪器旋转部件边缘离开冰底或冰花底 2~5 cm。

（5）测河底流速时，除满足上述第 2 项要求外，还要使仪器旋转部件边缘离开河底 2~5 cm。

3.4.4.5 保养维护

（1）仪器及全部附件应妥善保存在仪器箱内，并将仪器箱放置于干燥通风的房间内。

（2）拆卸、清洗及安装仪器前，必须通晓仪器的结构和拆装方法，不准随便拆卸。

（3）装配流速仪时正（反）牙螺丝套与身架的间隙一般为 0.4 毫米左右，以保证流速仪的转动足够灵敏。

（4）流速仪接触丝压紧程度应保证流速仪信号连续，否则应做进一步处理。

（5）流速仪使用后（不论时间长短），应立即拆开用汽油仔细清洗污垢、擦干各个部件、组装转子部分并上油、安装仪器、检查流速仪是否灵活运转，运转正常即可装箱保存，以备下次使用。备用的仪器在进行长时间保存时，每隔半年时间，应取出检查并加油，如果发现锈迹，应及时用汽油清洗，对清洗不了的应重新送检。

（6）流速仪装箱时须确保转子部分悬空搁置。

（7）流速仪说明书、检定图表、检定公式、使用及保养履历表、工具应完整妥善保存。

（8）流速仪在管理、使用及维护过程中，使用养护人员必须认真填写《流遇仪使用/保养履历表》。

3.4.5 手持式电波流速仪

3.4.5.1 仪器结构

手持式电波流速仪由流速传感器、电池、显示器三部分组成。

3.4.5.2 工作原理

电波流速仪是利用电磁波多普勒效应的原理制成，在满足实测条件下，电磁波的频率改变值只与水体流动速度有关，且只有与水体表面流速有关，与水中悬浮物无关。

3.4.5.3 应用范围

电波流速仪在测量过程中，不受水情、含沙量、杂草及水面漂浮物等影响，所以特别适用于水情复杂、水流湍急、含沙量大、水面漂浮物多等特殊水情的水面流速测量。

（1）洪水时代替浮标测验方法。

（2）排污口污水监测。当流速较大、流程较短、水深较浅时，本设备具有不可替代的作用。

3.4.5.4 操作流程

（1）测前准备

① 仪器检查：电波流速仪由主机和电池手柄两部分组成，长时间不使用时，电波流速仪的电池手柄应与主机分离，使用时进行组装。

② 充电：当电波流速仪电量不足时，应及时进行充电，充电时插入充电线后仪器自动开机，屏幕显示"CHG"和一个旋转斜杠"/"，"CHG"和"CM/S"交替出现。充电完成后屏幕显示"DONE"。

（2）仪器设置

该仪器共有 5 个参数设置键。设置过程中用"RECALL/^"键和"LIGHT/^"键滚动浏览可选项。

① FLOW 键：人工选择待测流速的方向。连续按 FLOW 键，滚动显示水流方向：Inb（流入）、Outb（流出）、 Auto（自动），停止 3 s，设置自动生效。

② RECALL 键：连续按 RECALL 键滚动查看历史数据，序号从 1 到 9，1 为最新数据。

注意：关断电源后该数据不被保存。仪器具有自动节电功能，全部断面测量结束前无需人工关机。

③ ANGLE 键：水平角设置。如果站在岸边，发射的电磁波与水流方向有一水平夹角时，传感器测到的流速是水流速度在雷达波束指向上的分量，此时需要进行 cosine 修正。ANGLE 键每按一次增加 5 度，最大可设置角度为 60 度；如果站在桥上，可使雷达波束与流线平行，该值设置为零。垂直角自动修正无需设置。

④ MENU 键：菜单选项，共 4 项：SENS-灵敏度；HZANG-水平角设置；ANGLE-垂直角查看；LIGHT-背景光。每项设置查看完成后扣动扳机生效并自动返回。

SENS 的设置从高到低分为四档：1、2、3 和 4。正常使用时设为最高灵敏度 4，若频繁出现干扰信号应逐步降低灵敏度。

HZANG：水平角设置，与 ANGEL 键功能一致。

ANGLE：垂直角查看。显示内置垂直角传感器的测量值，仪器用它做垂直角修正，无需人工对其进行设置。该屏幕显示 6 s 后角度值自动锁定，按 ANGLE 键重新激活。

LIGHT：背景光打开、关闭。

⑤ LIGHT 键：背景光打开关闭。与 MENU 键中的 LIGHT 功能相同，是其快捷键。打开背景光 10 s 后会自动关闭，但充电时背景光长亮。

（3）测量操作

① 观察水流，确定流向，当迎着水流方向测流时，选择 Inb（流入）或者 Auto（自动）模式，否则选择 Outb（流出）或者 Auto（自动）模式。

② 开始测量：按照设定的垂线位置手持电波流速仪，保持仪器稳定，开始流速测量。把电波流速仪对准待测水面扣动扳机，屏幕左下角出现"XMIT"字符，表示仪器开始发射雷达波束，采集并分析回波，同时屏幕右上角秒表开始走动，通常等待 5 s 左右开始显示流速数据。

在回波强度正常的情况下，屏幕中"PEAK"显示稳定，"PEAK"时隐时现时，说明回波很弱，需要调整位置，获得稳定回波。

③ 测量结束：计时秒表达到 99.9 秒后仪器自动停止测量，屏幕上显示该时段内的平均流速、流速单位（cm/s）和水流方向。如发现回波和流速数据稳定，可根据需要扣动扳机结束单次测量。屏幕左边显示"STORE"，表示本次数据被存储。测量过程中发现流速稳定，可随时扣动扳机结束测量，屏幕显示本次测量历时和该时段的平均流速。

④ 历时数据查看：连续按 RECALL 键滚动查看历时数据。

（4）特殊测验

当不具备桥测条件时，可以选择岸边测验，测验断面不宜过宽，测验步骤与桥测一致，测量前设置水平角。

3.4.5.5　保养维护

手持式电波流速仪不需要定期维护，但需每隔一个月进行充电，每次使用完后及时充电，对电池进行保护。

3.4.6　走航式电波流速仪

3.4.6.1　测流系统主要功能布设

（1）标题栏。

（2）菜单栏。

（3）动画演示区。

（4）测流数据。

（5）计算结果。

（6）测流控制区。

（7）起点距控制区。

（8）状态栏。

3.4.6.2 操作说明

（1）设备启动顺序为先打开雷达波定位测验流速仪电源，再启动雷达波测流程序列。

（2）每次测流开始，起点距的校准是必须的。为了安全，也应设定停泊点。停泊点可以是校准位置，也可是任一位置。

（3）设备安装方位如与系统默认安装方位（起点距零点在左岸，测流起点也在左岸）相同，则不需要设置，如不同则必须设置。

（4）设备参数一般不需要设定，初始设置一次后，设置值会记录下来，程序启动自动读入。

（5）雷达流速仪角度设置一次后会记录在流速仪中，以后测流如果角度不变，则不需设置。为保证数据准确，建议每次开机后设置。

（6）如是手动测流，测速时间可以在测流过程中更改，但建议在测流前设置好，中间不再修改。

（7）自动测流过程如发生意外情况，可点击【暂停】，无论是定位运动或是测速都将停止，操作人员执行其它操作，其它操作完成后，再次点击【连续测流】，测流过程将从断点处继续。由于操作人员操作的不可预见性，测流再次启动后请关注测流数据变化，如有错误，请手工操作修正，如图3-3所示。

（8）自动测流完成后，如怀疑数据不正确，可手工进行补测或重测。在主界面测流控制区垂线输入框中输入要定位的垂线号，点击【确认】，

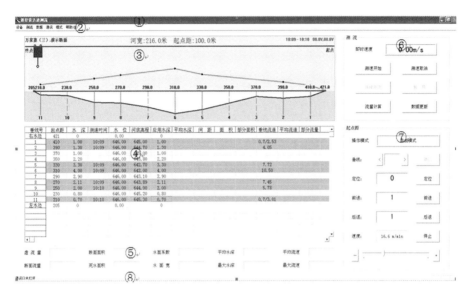

图 3-3　走航式电波流速仪操作界面

定位到目标垂线后点击【测速开始】进行测速，垂线原有数据将被新的测速数据覆盖。

（9）如果需对未选择测速垂线进行测速，或删除某一测速垂线：需在菜单栏点击【测流】，选择【增加测速垂线】或【删除测速垂线】进行操作。如增加测速垂线——增加测速垂线后，在起点距控制区点击<、>键，选择增加测速垂线号，按【确认】键。测验流速仪就会自动到增加测速的垂线。定位到目标垂线后点击【测速开始】进行测速，垂线原有数据将被新的测速数据覆盖。如果删除某一测速垂线，可选择【删除测速垂线】点击【删除】。无论增加或删除测速垂线，在完成确定后都要在测流控制区点击【数据更新】。再进行流量计算。

（10）测验时，水位发生变化，根据规范要求对平均水位、相应水位进行测验操作计算如下：

① 平均水位：测验时，水位变化不大，只需输入开始和结束的水位。

测验结束后，在菜单栏点击【数据】，选择【水位记录输入】，输入开始、终止水位，计算出平均水位。在菜单栏点击【测流】，选择【垂线设置】。把开始水位改成平均水位。点击【确定】，出现【确认更改垂线】提示界面，认为无误后，点击【确定】，测流数据区发生变化。点击【流量计算】，计算结果区出现新的计算结果。

② 相应水位：在测验时，水位变化很大，需变更测深垂线的水位。首先应根据水位变化，变更测深垂线的水位。测验结束后，先在菜单栏点击【测流】，选择【垂线设置】，重新【读入】实测大断面成果。变更最后一条测速垂线时的【水位】，点击【提取垂线】查得水边起点距，再点击【退出】。变更测验结束水边起点距，点击【数据更新】，根据弹出界面的要求确定后，点击【确定】，更新数据后重新点击【流量计算】。

（11）测流数据保存与断面修正：

① 流量计算完毕后，各项参数也输入完毕。在菜单栏点击【数据】，选择【数据导出】，数秒后显示屏显示【测速记载及流量计算表】成果。检查无误后，补填校核人员姓名、修正施测号数。点击【文件】，选择保存。把文件保存到设置好的文档里。

② 如果该测验成果需要进行断面修正，但当时又没时间。可在菜单栏点击【数据】，选择【数据保存】，再点击【确定】。断面修正时，在菜单栏点击【数据】，选择【查看成果】，在提示下选择【是】。在查找范围栏，选择本地磁盘（C:），双击program Files，查找WLS文件，双击后出现Radar文件，再双击后按测验时间查找已保存的测验成果。双击后自动进入软件操作界面，根据新的垂线河底高程进行变更。点击【数据更新】，根据弹出界面的要求确定后，点击【确定】。数据更新后重新计算、导出，把文件保存到设置好的文档里。

3.4.7　走航式 ADCP（瑞智）

3.4.7.1　工作原理

ADCP 是利用超声波多普勒频移的物理原理进行工作，通过换能器向水中发射固定频率的超声波短脉冲，超声波束在水中遇到悬浮物发生反射，并产生多普勒频移，根据 ADCP 波束与水面之间的交角，各沿波束方向的流速分量被转换成水平和垂直分量。

3.4.7.2　仪器构成

走航式 ADCP 是声学多普勒流速仪最常见的一种应用形式，仪器主体是一个四波束换能器，其他的电子部件、罗盘、倾斜计、温度传感器、底跟踪固件都定制在整体结构中。具有 DGPS 接口、RS-232 数据通信接口。DGPS 接口连接定位系统，当底跟踪模式失效时，需要外接 GPS 辅助定位。走行式 ADCP 依托于无动力三体船，三体船上只有通信电台，将测得的数据发送到岸上计算机。

注意：走航式 ADCP 不严格要求工作航迹是直线，但应控制走行速度不能大于流速，尽量使船的航迹顺直有益于提高测验精度。

3.4.7.3　操作流程

（1）仪器安装

将仪器探头（换能器）安装在三体船上，要求 3# 波束朝向船头方向，连接 ADCP 上的插头时，需要抹一层导电硅脂，硅脂的作用是提供润滑和密封，要注意插头空位方向，避免误插，查好后要锁好锁圈（在拔下插头前，一定要先松开锁圈）。舱内连接好通讯电缆和天线，电台和电源安放整齐稳固，用泡沫固定好，防止工作时船体振动导致插头脱落，12 V 电源正负极切勿接反（红色正极、黑色负极），最好盖好密封舱盖。

岸上架好无线数传电台，同时连接上电源电池，连接电台的九针串口至计算机的串行口。计算机需具备 RS-232 串行接口，如计算机无串行口，需配备 PC 卡或 USB 转串行口数据线，并在计算机上安装好驱动。

（2）仪器自检

自检程序为 BBTALK，是一种超级终端软件，可以利用指令来操作 ADCP，例如波特率、时钟设置和用于系统检测、问题诊断。一般要求用户每次测量前都要运行此软件，从而保证设备正常运行。

① 打开设备测试软件，选择 workhorse，并选择对应的串口号。

② 点击【下一步】，设置波特率 9600。

③ 发送唤醒指令，选择首末两项（当采用直连时，选择第一项即可）。

④ 在【文件】菜单中选【发送命令文件】（文件名：TestWH.rds），运行 TestWH.rds 命令文件，自动完成测试。

⑤ 运行脚本文件 TestWH.txt。TestWH.txt 键按次序运行 PS0、PS3、PA、PC2 和 PC1 项目测试。运行结果显示在计算机屏幕上且保存为日志文件 WH-RSLTS.txt，改文件的保存路径为 BBTalk 的安装路径。

（3）数据采集

运行 Winriver 软件。

① 参数设置

A. 文件菜单栏中选择【新测量】，根据实际情况需要填注界面中信息。

B. 点击【下一步】（此页面可以不填写）。

C. 点击【下一步】：该页面中，软件会自动寻找 ADCP，并主动连接，当连接成功后，设备 ADCP 后面的界面处于选中状态，ADCP 序列号自动识别。如果系统无法识别 ADCP，请检查串口是否连接正确。

D. 手动设置偏移量，换能器入水深，磁偏角一般为 0。ADCP 配置导向中，【断面最大水深】根据实际情况填写，保证测量单元水深及测量精度。【断面最大流速】根据实际情况预估，【最大船速】一般不大于最大流速。以上参数设置会使软件自动适配合适的工作模式，如设置不合理，则要根据实际情况进行调整。

E.【河床模式】根据实际情况进行选择，【底跟踪模式】【水跟踪模式】【自动】，一般请选择【自动】模式。

F.【左右岸系数】根据实际情况选择，也可以自定义。【岸边呼集合数】默认为 10，只是为了保证岸边的测量精度。

G. 点击【下一步】：在输出文件名选项界面，设置文件名便于后期数据回放和查看，【输出目录】和【文件名选项】根据需要自行设定。

H. 点击【下一步】：根据前面的各项参数设置，系统自动生成 3 个命令系列，第一列是固定命令，为系统默认；第二列是向导命令，根据前面的设定生成；第三列是叠加新的指令。系统识别指令的顺序是先"固定命令"，再"向导命令"，最后"用户命令"。

【模式 1】：适合所有河流，最大流速 20 m/s，最大剖面深度 20 m。

【模式 5】：适合浅水低流速河流：流速低于 0.5 m/s，底紊流，最大剖面深度 3.5 m。

【模式 8】：适合浅水河流：流速低于 10 m/s，高紊流，最大剖面深度 3.5 m。

【1200k ADCP 测流模式 11】：极高分辨浅水模式，适合浅水低流速河流，流速低于 1m/s，低紊流，最大剖面深度 4 m。

【1200k ADCP 测流模式 12】：高发射频率模式，适合浅水河流，流速低于 2 m/s，最大剖面深度 4 m。

② 流量测验

A. 将三体船停靠在岸边，使探头底部浸入水中。

B. 在 Winriver 软件【采集】菜单中，选择【开始发射（F4）】，弹出【ADCP 时钟设置】界面，可在【ADCP 时间设置选项】中选择【使用 PC 时间】，并点击【设置时钟】以确定选择。

C. 点击确定后，弹出之前设定好的所有命令菜单，依次通过电台传输并写入 ADCP 控制器。ADCP 将开始发射超声波。

D. 从【查看】中【列表查看】打开【组合列表】。

E. 将船低速向对岸行驶，观察组合列表中有效层数，当【有效层数】达到或超过 2 层时，将船停下，在【采集】菜单中选择【开始记录数据（F5）】。

F. 此时弹出【开始测量记录】界面。根据航向选择【左岸】或者【右岸】，并根据 ADCP 探头距离岸边距离输入到【离岸距离】，距离测定可用硬尺或者测距仪，也可根据三体船的宽度进行估算。

G. 确定后，计算机开始记录数据，组合列表中【数据个数】显示达到 10 时，三体船启动开始低速相对反行驶，开始正式采集数据测量，要求船速小于测点流速。

H. 当三体船接近对岸，【有效层数】不小于 2 层时停船，待【数据个数】增加到 10 个时，在【采集】菜单中选择【停止记录数据（F5）】，此时弹出【结束测量】界面，填写【离岸距离】即可。

I. 这样完成了一次流量测验，此时本次测量数据存入【配置导向】设定的输出目录、文件名下，同时也保存了相应的配置文件，在图形表格中分别显示各点流速流向、河底剖面、流量值等数据。

注意：对于流量稳定的断面，至少要进行 4 次测量，往返各 2 次，取得 4 次测量成果的均值作为实测流量成果。如果 4 次测量结果变幅除以平均值结果大于 5%，应再进行 4 次测量。对于流量短时间内变化较大的河流，应测量 2 次，往返各 1 次，取平均值作为最终结果。

J. 测验结束后，按快捷键【F12】，弹出流量汇总表，汇总表包含所有测次成果和统计成果。

K. 测验结束后，在 Winriver 软件的成果界面或者流量成果表收集各项成果信息，填写 ADCP 流量记载表，确认表中各项数据无误后，完成本次测验。或者采用专用软件，直接读取并保存测量成果。

③ 数据回放

A. 在【文件】菜单栏中选择【回放模式】，数据回放及处理功能包括：

读入 ADCP 原始数据文件，显示各种数据图形，重新计算盲区流量，按新的参数计算平均值，输出 ASCII 码的原始数据，输出平均数据文件，输出测流报告，打印各种数据图。

B. 各种显示功能

在【查看】菜单中选择：

剖面图-流速、回波强度、流量等断面图、等值线图-流速、回波强度、相关性等等值图、航迹-流速矢量及航迹图、时间序列-航向、纵横摇、船速等剖面图、查看列表-GPS、底跟踪、流量、流速等数据表。

C. 数据输出

在【文件】菜单中，根据需要选择：输出 ASCII 码的原始数据，输出平均数据文件，改文件中只有二进制的平均数据，输出测流报告，测流报告为文本文件，文件名字后缀：★.sum。

D. 打印输出各种数据图

先选中要打印的图形窗口，再选中打印预览，满意后，选择打印。

（4）测验结束

所有操作完毕后，关闭测流软件，收回三体船，关闭电源，拆卸整理后，离开现场。

3.4.7.4 注意事项

（1）走航式 ADCP 换能器至少应没入水中 8 cm，如果水面没有波浪，换能器要没入水中更深一些，以保证在整个测流过程中换能器不会露出水面。

（2）若走航式 ADCP 长期不使用，在测量前首先应打开 ADCP 自检程序进行检查。

（3）在测量过程中，应保持船速不大于测速位置流速，但在一些特殊情况下，应多测几次，保证测量结果可靠性。

（4）仪器安装时注意电瓶正负极不能装反。

（5）不要剐蹭换能器表面，主机收纳时需要盖好保护盖，换能器面不能压在硬物上，也不能长期受太阳照射。

（6）主机和浮船之间的防水连接插头要定期涂抹硅脂。

（7）定期对电池进行充电。

（8）三体船牵引绳测验前进行检查，保证足够强度。

3.4.8 走航式 ADCP（StreamPro）

3.4.8.1 仪器构成

StreamPro 又称微型 ADCP，该设备采用换能器与电子设备分离结构，换能器体积很小，其直径只有 3.5 cm。通常换能器与电子器件安装在一个特制小型浮体船上，依托于侧桥或者渡河装置行驶，也可以采用水文遥控动力船荷载形式，这样的方式更加灵活，可拓展设备应用。StreamPro 采集的数据格式与瑞智 ADCP 数据格式一致，可以应用 Winriver 软件进行采集回放。

Streampro 采用蓝牙通讯，一般监测距离不大于 150 m，由于重量轻、吃水深度浅，同时采用 2 M 的高频波，在浅水中有更好的应用效果。

3.4.8.2 仪器安装测试

电子单元上黄颜色的 LED 指示灯对应电源开关，当黄颜色的 LED 灯闪烁，则表示电压低，需要更换电池。电子单元上的 LED 灯为蓝色长亮表示蓝牙通讯已连接。

（1）支架和电缆安装

① 松开安装之间的卡紧螺丝，把电缆通过安装支架的底部向上穿过。

② 打开电子单元连接口保护罩，把传感器线缆上的定位键和电子单元上的连接插口定位槽对齐连接，旋转连接圈，听到"咔哒"声完成连接。

③ 把安装支架用自带的手拧螺丝固定在浮体上。

（2）streamPro 传感器的调整

① 找出传感器上箭头方向，使箭头方向指向船头。

② 若是在附体上安装，传感器上的安装线要和安装支架的顶面平齐，这样保证传感器和浮体底部至少有 5 mm 的距离，在牵引过程中不会发生触底使传感器损坏。特殊情况下调整传感器使其入水深度在 3~6 cm 之间，可以有效避免发生空蚀现象。

③ 用手拧紧固定传感器的螺丝。

3.4.8.3 参数设定

（1）通讯参数设置

① 打开 Streampro 电源（黄灯）；

② 打开 iPAQ 电源、在桌面上点击蓝牙图标打开蓝牙；

③ 在桌面上点开【iPAQ Wireless】选项，选【蓝牙】；

④ 点击【蓝牙设置】；翻屏后点击【使用 Bluetooth 管理器来设置连接】；

⑤ 翻屏出现白屏，点击左下角【新建】；

⑥ 翻屏后选【浏览 Bluetooth 设备】，点击【下一步】；

⑦ 翻屏后显示【RDI SPro】图标，点击图标；

⑧ 翻屏后显示【serial port】和串口图标：选中【serial port】，点掉【使用安全的加密连接】，点击【下一步】；

⑨ 翻屏后显示【RDI SPro】，快捷方式已创建；

⑩ 点击【完成】；

⑪ 翻屏后显示【RDI SPro：serial port】和串口图标，双击图标显示串口被激活，stream Pro ADCP 电子单元上的指示灯变成蓝色长亮，表示i-PAQ（掌上电脑）与仪器连接成功。

（2）设备自检

① 点击桌面【开始】，在下拉菜单中点击【StreamPro】启动【StreamPro】程序，点击【StreamPro】进入设置—配置文件界面；

② 点击【配置文件】，在下拉菜单中选【原厂缺省设置】；

③ 点击顶端【测试菜单】—点击【仪器】—点击【自检】。

注意：在退出 StreamPro 程序前不要关闭 StreamPro ADCP 的电源，否则会引起通讯故障，iPAQ（掌上电脑）和 StreamPro 无法连接。

3.4.8.4　测量操作

（1）打开 iPAQ 电源，打开蓝牙，点击开始菜单，点击 StreamPro 软件。点击启动【StreamPro】流量测量程序。

（2）在【设置】菜单下点击【配置文件】，选【原厂缺省设置】。

（3）点击【配置文件】，选【改变设置】，根据现场情况修改即可，当流速小于 0.25 m/s，且水深小于 1 m 选底噪模式效果更好。

（4）在【测试】菜单下，选【仪器】，点击【自检】进行仪器检查。

（5）在【数据采集菜单】下，点击【开始测量】，在有两个有效单元的水深处采集 10 组数据后输入【岸边距离】点【确定】，牵引浮体船慢慢向河对岸行驶，同样在有两个有效单元的水深处停止，输入【岸边距离】，采集 10 组数据后结束测量。

（6）连续测量 4 次，各次与 4 次平均流量相差小于 5%，取 4 次流量的平均值作为本次实测成果。

注：StreamPro 也可以通过 PC 上的 Winriver 软件进行操控，方法与瑞江走航式 ADCP 一致。

3.4.8.5　注意事项

（1）基本注意事项

① 不要把传感器表面放在坚硬或粗糙的平面上，防止传感器表面被损坏。

② 不要长时间把传感器放置在阳光下暴晒，传感器外形可能开裂。

③ 不要让存储仪器在低于 25℃或高于 60℃的环境当中。

④ 不要用传感器电缆提起 StreamProADCP，电缆接头可能被拉坏。

⑤ 长时间不用时，不要让电池存放在电池舱内，有可能因电池有液体渗出，损坏电子单元。

（2）组装注意事项

① 螺丝松动、连接件丢失、密封圈有划痕等均有可能造成设备进水而损坏仪器。

② 不要带电连接或断开传感器线缆。

（3）维护保养事项

① 当仪器电子元件内部温度高于 50℃时，蓝牙通讯单元将不能正常工作，如果高温天气出现通讯问题，使设备降温后再继续使用。

② 电缆连接头定期涂抹硅脂保养。

3.4.9 便携式 ADCP

3.4.9.1 仪器构成

手持超声波多普勒流速仪由水下探头、电缆和手持主机组成。探头内装有流速传感器和电子测量线路。流速信号经水下电路处理放大后经电缆送至水面主机进行处理、计算、显示、存储。

3.4.9.2 仪器操作

（1）主要功能

① 电缆插座孔：在主机底部处有一个四芯航空插座，供仪器接收来自流速仪的信号与计算机之间的通讯使用。

② 串口通信孔：在主机顶端有一个串口输出接口，可与电脑进行数据的联机，供用户对测量数据进行查看、存储、打印和输出等功能。

③ 充电圆形插孔：在主机左上方侧边处有一个充电圆形插孔，供仪器电量不足时对内置电池进行充电使用（仪器配有一个带充电保护的充电器）。

④ 电源开关机键：在主机背部右侧处有个白色的拨动按钮开关， 供用户开关机使用。

⑤ 数据显示区域：液晶显示屏部分为数据显示区域，其所测量数据实时显示。操作面板区域：主机按键部分为操作面板，供用户对仪器进行测量的操作控制。

（2）测量前准备

① 仪器使用前必须将探头、电缆、水上主机连接成一完整系统，探头按正确的方式垂吊放入测量水深，电缆线一端处的三芯插头正常插入手持机壳底部的插座处，仪器方能正常工作。

② 探头平衡调定：将探头放入水中，手提探头转轴吊孔处，看探头是

否呈水平状，如不是可松开转轴插孔座中间的固定平衡螺母，在小孔处来回移动适合位置，待平衡后锁紧螺母即可。（注：必须在水中调定，因为探头在水中和空气中的平衡点是不一样的。）

③ 水流方向指示针：将配套的方向指示针圆形孔套入插杆，指示针旋入与探头的锥形方向保持一致。指示针的位置不能入水，需露在空气中，以便观察探头在水中的方向位置。（备注：夹具与插杆的位置，根据测量深度来进行上下滑动调整。）

④ 安装完毕后，即可将插杆（带有锥形一端）插入水中，手握主机，观看测量数据。仪器在测量过程中探头（导流罩）务必对准水流的方向，且探头处于水平状态，为确保测量精度，探头入水后，需等待两分钟待探头适应水的温度时方可开始测量。

⑤ 安装完毕，检查无误后，可打开主机后板上的电源开关，进入初始设置阶段。

（3）初始设置

① 时间设置：用户通过操作面板上"▲"或"▼"键对当前的时间进行修改设置。

② 测量模式设置：设置站号后，系统进入功能选择界面，进行手动、自动和查询工作模式选定。

在上述时间设置、站点测量模式设置时，任一步骤用户如需进行修改，即可按"返回"键进行重新修改设置。

（4）手动测量

进入手动测量采样设置界面，第二行【060 s】为流速采样历时时间，在默认下，光标定位在 060 s。

设置采样历时时间：按"▼"进行递减时间，"▲"进行递增时间，递增（递减）单位为 10 s。其中，最小采样历时时间为 10 s，最大采样历时时间为 120 s，可根据实际需要进行设置。设置完采样历时时间按"确定"键进入测量状态。

测流速：在此过程中，光标"V"一直处于闪烁跳动状态，流速稳定后，数值直接显示在屏幕上。（注：流速测量时间为用户设置的采样历时时间，此次测量采样时间为 60 s，即光标闪烁跳动 60 次，依此类推。）

（5）自动测量

进入自动测量采样设置，第二行的【030 min】为测量间隔时间，其中最小间隔时间为 000 min（不停地进行测量），最大间隔时间为 120 min。第四行的【060 s】为采样时间，其中采样时间有 60 s 和 100 s 两种。

在默认下，可以通过"▲"和"▼"键对测量间隔和采样时间进行设置。设置完测量间隔时间后，按【移位】键，则光标自动移到采样历时时间【060 s】上，可以通过如下设置完成修改：

若采样时间设置为【60 s】则直接按"确定"键，即可进入测速状态；若采样时间设置为【100 s】，则按一下"▲"键即可设置为 100 s，反之按"▼"键。

对上述两个时间设置结束，按下"确定"键，流速仪将立刻进入测量状态。

当系统处于自动测量状态，用户按面板上的任意键都是无效的（除"复位"键外），用户此时若要退出测量状态，则按"复位"键即可。（为了保证系统内部存储数据有效，建议用户不要轻易按【复位】键。）

注意：使用该仪器时，切勿在空气中进行测量，以免烧坏换能器。

（6）查询操作

进入到查询模式，其显示界面为最近一次测量数据结果。按"▲"键查询前一次记录，按"▼"键查询后一次记录。即是以最近一次测量数据为基准，向前和向后查询。

（7）存储数据的读出

可通过安装设备自带数据处理软件完成数据下载存储。

3.4.9.3　维护保养

（1）水下探头每次使用后，应立即用淡水清洗并用布擦干，防止碱性或腐蚀性物质附在探头表面上。

（2）探头在空气中，不要随意开机。在空气中开机时，需用浸水的棉花贴在发射换能器上（将探头电缆插座面朝着自己的右边）冷却，防止发射换能器烧坏。

（3）换能器正面及仪器的电缆线防止被尖利器具刮伤或刺破现象。

（4）仪器设备应放在通风干燥处，并应远离有腐蚀性的物质，仪器和设备上不应堆放重物。

（5）初次使用或长期不使用时应对电池进行充电（务必用本仪器配套的电源适配器进行充电）。

（6）雨天使用时，务必注意防止手持主机直接淋雨。

3.4.9.4　故障处理

便捷式 ADCP 常见故障及处理方法，见表 3-8。

表 3-8　常见故障处理一览表

故障现象	分析原因	排除方法
屏幕无显示，也不工作	1. 电源未接好； 2. 开关未开或接触不良； 3. 保险丝断； 4. 主机内部线没接好或者主机后盖板连接线虚焊、断线等	1. 检查电源连线接触是否良好； 2. 打开开关，检查开关接触是否良好； 3. 更换保险丝； 4. 打开主机箱，若有断线重新接上，电源排线插好

续表

故障现象	分析原因	排除方法
烧保险丝	1. 保险丝断; 2. 电路短路	1. 更换保险丝; 2. 检查电路、电缆是否短路
能工作,但无数据	1. 信号通路开路; 2. 信号通路器件损坏	1. 检查电缆信号通路(3号)、电源(1)、地(2)是否开路,并焊接上; 2. 更换有关器件
工作次序混乱,不能正常工作,屏幕出现乱码	软件问题	1. 按复位键,重新初始化; 2. 关闭电源,再重新开机

3.4.10 流量自动在线监测

3.4.10.1 断面更新

目前宁夏安装的流量自动在线均是实时监测流速、水位,结合预设的过水断面计算流量,如图 3-4 所示。

(1)每年汛前(灌区),均必须对水位监测数据进行校准。

(2)每年汛前(灌区)和每次发生冲淤变化时均要及时施测更新大断

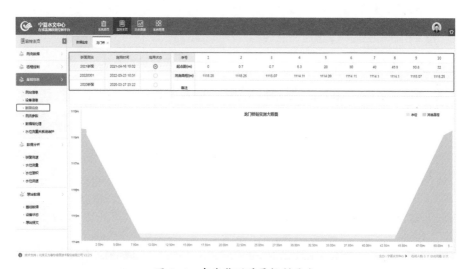

图 3-4 在线监测质量控制平台

面数据。更新数据要进行认真审核。

（3）大武口等冲淤变化剧烈的水文站，洪水期间要密切关注及时选择系统里预设的适合断面更新、保证流量计算正常合理。

3.4.10.2 比测要求

（1）按照测验任务书要求，只要开展人工巡测的时候均需要与流量自动在线进行比测校准。确需要调整的，根据应用权限，通过在线监测质量控制平台开展水面系数等参数调整，调整系统参数需经过设置与审核环节，保证流量自动在线监测数据精度。

（2）地市水文机构、测站值班人员每天关注在线监测质量控制平台数据运行状态，及时发现系统数据缺失、数据突变，及时比测校准、维修维护，保障自动在线监测数据的稳定性和可靠性。

3.4.10.3 整编要求

根据测验任务书要求，要加强自动在线监测设备维护保养，有在线监测数据的优先采用在线监测数据整编，确因故障需要人工监测数据整编的必须注明理由，并及时维修维护自动在线设备。

3.5 泥沙测验

3.5.1 泥沙测验的基本概念

3.5.1.1 泥沙

在水文学中，泥沙一般是指在河道水流作用下移动着或曾经移动的固体颗粒。水流挟带着泥沙运动，河床又由泥沙组成，两者之间的泥沙经常发生交换，这种交换引起了河床冲淤变化。

冲刷是因水流挟沙能力大于河水含沙能力而引起的河床下切或侧切现象。

淤积是因水流挟沙能力小于河水含沙能力而引起的泥沙落沉和河床提高现象。

3.5.1.2 泥沙测验

泥沙测验是泛指对河流水体中随水流运动泥沙的变化、运动、形式、数量及演变过程的测量。包括河流的悬移质输沙率、推移质输沙率、床沙测定以及泥沙颗粒级配的分析等。

3.5.1.3 泥沙分类

天然河流中的泥沙，根据其运动状态可进一步分床沙、悬移质和推移质。

（1）悬移质。悬移质也称悬沙，是指被水流挟带，而远离河床床面悬浮于水中，随水流向前浮游运动。

（2）推移质。推移质是指河床表面，受水流拖曳力作用，沿河床以滚动、滑动、跳跃或层移形式运动的泥沙。

（3）床沙。组成河床的泥沙称为床沙，床沙在河床表面处于相对静止的状态。

3.5.2 描述河流泥沙的物理量

3.5.2.1 侵蚀模数

流域地表的侵蚀程度，常用侵蚀模数表示。侵蚀模数是指每年每平方千米的地面上被冲蚀泥沙的数量，用河流悬沙输沙量推算时又称输沙模数。

侵蚀模数的大小，表征流域内水土流失的平均情况，其值愈大说明流域内的侵蚀愈强输沙量愈大。反之则小。

3.5.2.2 含沙量

含沙量是指单位体积浑水内所含泥沙的干沙质量。

3.5.2.3　输沙率

输沙率是指单位时间内通过河流某断面的泥沙重量（或质量）。输沙率是断面流量与断面平均含沙量的乘积。

3.5.2.4　输沙量

输沙量是指在某一时间段内通过河流某一断面的泥沙总量。

3.5.3　悬移质含沙量测验

3.5.3.1　测次分布原则

（1）平水期

视单沙变化较平缓时每日8时、20时（或18时）观测两次，平缓时每日8时观测一次。

（2）洪水期

每次较大洪峰过程一般应不少于7~10次。最高洪水位必须有对应的含沙量，洪峰重叠或沙峰不一致，含沙量变化剧烈时，测次要适当增多。洪水涨落急剧的小河站，要特别注意在沙峰起涨时取样。

3.5.3.2　测验方法

宁夏全区泥沙测验主要采用水边一线水面一点法取样，具体位置视水情及测验条件各站有所不同，但所取样必须要有代表性。

3.5.3.3　前期准备

准备工作一般在汛前准备工作中完成。

（1）清洗编号

清洗量杯、烧杯、取沙桶和沙样瓶等。清洗后的烧杯、沙样瓶要进行编号，烧杯放置到密闭空间保存，沙样瓶盖好盖子和防尘罩。烧杯主要用于含沙量非常小的排水沟站等站点进行沙样处理，见表3-9。

表 3-9　洪干法、过滤法所需最小沙重

方法		天平感量/mg	最小沙重/g
烘干法		1	0.1
		10	1.0
过滤法		1	0.5
		10	2.0
置换法	500 mL	1	5.0
		10	7.0
	1 000 mL	1	10.0
		10	12.0

（2）折叠沙包

将大张过滤纸裁剪成 30 cm×30 cm 的方块折叠成沙包，用不褪色的笔在沙包上注明编号、沙加纸重、纸重、沙重及时间（年、月、日、时、分）。

（3）烘干

烘箱必须要有温度表和调温、保温、排气等装置，温度保持在 100~110℃之间，沙包烘干时间不少于 2 h。烘干后的空沙包应放在有干燥剂的干燥皿中冷却，待与室温一致时进行称重。称重时为较少开闭干燥皿次数，每个干燥皿中沙包最好不要超过 50 个。

（4）称重

应在密闭室内进行，减少空气流动对天平的影响。使用天平应注意以下事项：

① 天平通电后应预热，待稳定后方可使用。

② 称重前应先用砝码测试天平是否测量准确，确定无误后方可使用。

③ 取砝码和沙包需要镊子，不得徒手取。

④ 每次打开干燥皿取一个空沙包，盖好盖子，称完后立刻将称重结果记录在沙包纸上，再打开盖子取下一个，重复进行。

⑤ 称重结束后应将砝码、镊子放回固定位置，以免丢失。

⑥ 平时不用应妥善保存，防尘防潮。长期不使用时最好每年通电运行不少于两次。

⑦ 称重后的空沙包一定要妥善保管，防止褪色，防尘防潮。若上年没有用完的沙包可留在下年使用，但一定要重新烘干、称重后再用。

3.5.3.4　沙样处理方法

（1）过滤法

将水样（体积应大于 1 000 mL）注入量筒内，量得水样容积，待水样中泥沙沉淀后，倒出上部清水，再将沉淀的泥沙倒入称重的滤纸上，再经水分下渗后，用滤纸将泥沙包好，放入烘箱，在温度为 100~110℃的烘箱中烘约 2 h，用千分之一的天平称取重量，即可求得泥沙重量，泥沙重与水样体积之比即为单沙。

（2）置换法

① 水样经量积后，用小漏斗把水样注入比重瓶中，并用澄清的河水，将残余泥沙一并冲入比重瓶内。

② 用干毛巾擦干瓶外水分。

③ 称瓶加浑水重，并用水温计迅速测定其温度。

④ 如河水清澈，可改为目测，不再取样，含沙量作零处理。但必须有小于 0.010 以下观测数值。

（3）比重瓶检定

比重瓶检定，可使用本站澄清的河水采用室温法。

① 将要检定的比重瓶洗净，注满澄清河水，测量瓶中心的温度（记至

0.1℃)。

② 用澄清河水装满比重瓶，将带有细管的瓶塞塞好，用手抹去塞顶水分，并用干毛巾擦干瓶身，放在天平上称重。

③ 重复以上步骤，直至两次称重之差不大于天平感量的2倍时为止。

④ 将称重后的比重瓶，妥为保存，不得使用。待气温变化5℃左右时，将比重瓶取出洗净，再按上述步骤，称比重瓶盛满澄清河水的总重量。如此，室内温度每变化5℃时，测定温度和称重一次，直至取得所需要的最高最低及其间各级温度的全部检定资料为止。

⑤ 根据以上称重结果与其相应温度，点绘比重瓶检定曲线。

⑥ 据水密度变化特性，在4℃左右时，密度最大。

（4）单样含沙量记载填制

① 输沙率、单沙号数：按顺序依次填记施测号数。

② 起点距、水深：填记该单样取样位置，如：水边（或××m）、水面（或相对位置）。

③ 泥沙密度为2.69，置换系数为1.59。

④ 过滤法的含沙量计算方法：

$$C_s = \frac{m_s}{V} \times 1\ 000$$

式中，C_s为实测含沙量（kg/m³）；m_s为水样中干沙重（g）；V为水样容积（cm³）。

⑤ 置换法的含沙量计算方法：

$$C_s = K \times \frac{m_浑 - m_清}{V} \times 1\ 000$$

式中，C_s为实测含沙量（kg/m³）；K为置换系数（选取1.59）；$m_浑$为瓶加浑水重（g）；$m_{清}$为瓶加清水重（g）；V为水样容积（cm³）。

3.5.3.5　输沙率计算

（1）输沙率计算公式

瞬时输沙率为瞬时流量与相应时间断沙之积，即：$Q_s=Q×C_s$。

（2）日均输沙率计算方法

日平均输沙率采用流量加权法：以瞬时流量乘以相应时间的断沙得出瞬时输沙率，再用时间加权求出日平均输沙率，除以日平均流量，即得日平均含沙量。

3.6　暴雨调查

特大暴雨在进行暴雨系列统计分析中有着重要的地位，目前雨量站点密度有很大提高，但点状站网无法做到全区域覆盖，为了更加准确稳妥地确定暴雨中心，故需要开展暴雨调查。暴雨调查与洪水调查工作是相辅相成的。暴雨调查可分为历史暴雨调查、近期发生的暴雨调查和当年暴雨调查。

调查一般从暴雨中心开始，逐渐向周围地区扩散。对暴雨中心雨的确定，应作多处调查，进行分析论证，并确定其可靠程度。

3.6.1　暴雨调查方法

（1）确定各调查点的不同历时最大暴雨量，若有困难时，可根据近期发生的实测暴雨资料和调查情况相比较，估算暴雨量级。

（2）暴雨的起讫时间、强度和时程分配。

（3）调查确定暴雨的中心、走向、分布和大于某一量级的笼罩面积。

（4）分析天气现象和暴雨成因。

（5）调查确定暴雨对生产和民用设施的破坏和损失情况。

（6）必要时可在暴雨中心附近的小河流上进行洪水调查，反推估算暴雨量。

（7）对局地暴雨，若无实测降水观测资料，可根据群众院内的水桶、水缸或其他承雨器皿承接雨量情况，分析估算降水量，并注意承雨器的形状、位置，是否有漫溢、渗漏，降水前是否盛水等情况。

（8）调查暴雨量应通过综合分析确定。

（9）评定调查暴雨量的可靠程度。

3.6.2　暴雨调查计算方法

量取水面内径尺寸、水底内径尺寸、水深和器皿口径尺寸，用相应承水器皿的体积计算公式计算水体体积，用承水器的形状选定面积计算公式计算器口面积。

$$调查降水量=水体体积÷器口面积$$

3.6.3　暴雨调查要求

（1）全面收集水文、气象和其他部门有关的雨量观测资料。

（2）暴雨调查点的数量及位置（包括雨量站网）应能满足绘制出暴雨等值线。

（3）每个暴雨调查点宜调查两个以上的暴雨数据。

（4）暴雨量估算的器皿，应露天空旷不受地形地物影响，准确量算器内水体体积和器口面积，并应扣除器内原有积水、物品和外水加入量，估算漫溢、渗漏和取水量。

（5）暴雨中心的调查记录，应与邻近雨量站实测记录对照分析。

3.6.4　调查暴雨可靠程度评定

调查点暴雨量可靠程度评定，按表3-10进行。

表 3-10 暴雨量可靠程度评定表

项目	等级		
	可靠	较可靠	供参考
指认人印象和水痕情况	亲眼所见，水痕位置清楚具体	亲眼所见，水痕位置不够清楚具体	听别人说，或记忆模糊，水痕模糊不清
承雨量位置	障碍物边缘距器口的距离，大于其高差的 2 倍	障碍物边缘距器口的距离，为其高差的 1.2 倍	障碍物的边缘距器口的距离，小于其高差的 1 倍
雨前承雨器内情况	空着或有其他物品，但能准确量算其体积	有其他物品，量算的体积较准确	有其他物品，其体积数量记忆不清
雨期承雨器漫溢渗漏情况	无	无	有

3.7 洪水调查

3.7.1 洪水调查分类

（1）根据洪水调查点，分固定点洪水调查和非固定点洪水调查。

（2）根据洪水发生时间，分当年洪水调查和历时洪水调查。

（3）根据洪水发生地点，又分为河道洪水调查和溃坝、决口、分洪洪水调查等。

3.7.2 洪水调查步骤

（1）根据调查任务、人员等情况制订调查计划。

（2）收集调查河段的地形图、河道纵剖面图、水位流量关系曲线、比降、糙率、水准点等有关资料。

（3）准备必须要的仪器工具，如水准仪、RTU、照相机、皮尺等。

（4）进行河道查勘，了解河道的顺直、断面、滩地、支流加入、分流的情况，寻找洪水痕迹。

（5）走访当地群众，了解洪水发生时间，指认洪水痕迹，做出洪水痕迹标记。

（6）选定调查河段。

（7）开展洪水调查测量，如测量洪水水位、横断面、比降等。

（8）计算洪峰流量和洪水总量。

（9）编写调查报告。

3.7.3 河道洪水调查主要内容

（1）洪水发生的年、月、日。

（2）最高洪水位的痕迹和洪水涨落变化。

（3）发生洪水时河道及断面内的河床组成，滩地被覆盖情况及冲淤变化。

（4）洪水痕迹高程、纵横断面、河道简易地形或平面图测量。

（5）洪水的地区来源及组成情况。

（6）降水历时、强度变化、笼罩面积和降水量。

（7）有关文献关于洪水记载的考证及影像。

（8）洪峰流量及洪水总量的推算和分析。

3.7.4 洪水痕迹的调查与确定

（1）洪水痕迹可在较固定的建筑物、构筑物上寻找，如桥梁、城墙、堤防，或悬崖、礁石、古树上寻找。

（2）洪水痕迹的调查，应注意走访居住时间长的居民，了解洪水发生时的重要事件，以便联想回忆。

（3）尽可能地寻找较平静的洪水痕迹，注意不应将浪头冲击的最高处误为洪水水位。

（4）洪水痕迹应明显、固定、可靠和具有代表性，群众指认后现场核实，分析判定后确定。

（5）采用比降面积法推流时，不得少于 2 个洪痕点，见表 3-11。

（6）洪水痕迹最好在两岸同时进行调查。

（7）洪痕点确定后采用有色油漆标记，并注明洪水发生时间、调查机关和调查时间。重要洪水痕迹可刻写在岩石或坚固的建筑物上，必要时可设置永久标志物，糙率选择见表 3-12。

（8）根据现场调查的可靠程度，确定调查洪水痕迹的可靠等级，见表 3-13。

表 3-11   不同水面比降所需比降上、下断面间距对照表

水面比降/（万分率）	18.5	10.2	5.7
比降上、下断面间距/m	50	100	200

表 3-12   宁夏天然河流糙率

河 段 特 征	比降/‰	随平均水深而变化的糙率 n 值				
		1 m 以下	1~2 m	2~3 m	3~4 m	4 m 以上
河段顺直，河床由沙质组成，有冲淤变化，两岸为土或砂石，现状较整齐	50 以下	0.020	0.026	0.032	0.036	0.040
河段基本顺直，河床由砂砾石、卵石组成，冲淤变化较大，两岸为土或沙砾石，现状较整齐	50~150	0.027	0.035	0.041	0.046	0.050
河段基本顺直或微弯，河床由卵石、块石组成，冲淤变化较大，主流略有变动，两岸为沙砾石组成有有杂草，现状尚整齐	150~300	0.036	0.041	0.051	0.058	0.064
河段上下游有弯道，河中有滩地，河床由卵石、块石组成，凸凹不平，两岸为沙砾石、岩石组成有有杂草，现状不整齐	300~500	0.045	0.055	0.065	0.073	0.080

备注：比降为水面比降（或河床比降）

表 3-13　洪峰流量可靠程度评定表（比降面积法）

项目	等级		
	可靠	较可靠	供参考
洪痕水位	洪痕可靠，代表性好	洪痕较可靠，代表性较好，水面线依据较可靠点绘制	洪水位是由水面线延长而得，或依据参考点绘制
推流河段和断面情况	顺直河段长，断面较规整，河床较稳定	河段尚顺直，断面尚规整，河床冲淤变化不大	河段有弯曲，断面不够规整，冲淤变化较大，或断面变化难于确定
糙率选定	由实测资料选定糙率，数据合理	由选定相似河段实测糙率，数据基本合理	根据经验选定糙率，精度较差
洪水水面线	根据数量多、代表性好的洪痕确定，经分析比降合理	根据数量较多、代表性较好的洪痕确定，经分析比降合理	根据数量较少、代表性较差的洪痕确定，经分析比降基本合理
成果合理性检查	合理	基本合理，存在问题较少	定性合理，无大的矛盾

3.7.5　洪水调查测量

（1）重要洪痕高程按四等水准测量。

（2）被采用的洪痕点处，均应施测大断面。调查河段内实测横断面的数量和位置，以控制断面形状沿河长的变化为原则。

（3）测量调查河段河道纵断面，并同时实测水面线，当两岸高程不等时，两岸水面线均应实测。

（4）绘制河底中泓纵剖面图，并注明洪痕线和测时水面线。

（5）调查河段应进行简易地形测量，并注明洪痕位置。

固定洪水调查断面，应与水位计所确定高程一致，便于历年关系曲线一致。

洪峰=过水面积 S×平均流速 V（$V=1/n×R_{2/3}×I^{1/2}$），比降一般选用洪痕比降。

洪量=概化系数×洪峰×洪水历时（概化系数可从暴雨洪水图集中查取）。

3.8 土壤含水量

土壤含水量人工观测方法：

（1）土壤含水量垂向测点，宁夏为三点法，测点深度分别为 10、20、40 cm，监测时段为每年土壤解冻后至封冻前。

（2）取土烘干法应备有烘箱、干燥器、天平（感量 0.01 g）、取土钻、铝盒、记录表、铝盒重量记录表等。

（3）在同一取样地点的不同深度上各取样 3 份，每份重量以 30~50 g 为宜。

（4）土壤装入铝盒前应清除盒中残存的泥土，土壤装入铝盒后抹掉铝盒外的泥土。检查盒盖号与盒号是否一致。

（5）湿土称重后，把盒盖垫在铝盒下放入烘箱烘烤，使烘箱温度保持在 105~110℃，持续恒温 6~8 h。

（6）土壤烘干后关闭烘箱电源，待冷却后取出。

（7）人工取土烘干法，3 次测量结果中最大值与最小值差值的绝对值不应大于特定值。

（8）土壤含沙量数据报送按水情报汛任务书执行，干旱等级评定见表 3-14。

表 3-14　土壤相对湿度旱情等级划分表

单位：%

旱情等级	轻度干旱	中度干旱	严重干旱	特大干旱
土壤相对湿度 W	50<W≤60	40<W≤50	30<W≤40	W≤30

注：W 为土壤平均含水量/土壤田间持水量

4 水文资料整编

4.1 目的和意义

水文资料整编是将测站收集的水文原始资料，按科学的方法和统一的规格进行考证、整理、分析、统计、审查、汇编、刊印和储存的全部技术工作。

4.2 一般规定

水文资料整编要经过在站整编、审查、复审和汇编 4 个环节。

4.2.1 基本要求

（1）水文资料在站整编由各水文站完成，所有原始成果资料"三遍手"均需通过宁夏水文测验整编平台完成，整编数据源需通过平台导入南方片整编程序进行整编。

（2）各地市水文机构严格按照"即时整编"工作要求完成督促、指导月度整编、阶段整编及全年资料整编工作。

（3）按照任务书规定的整编项目，确定整编控制信息，完成各项整编成果。

4.2.2 技术要求

（1）各项整编图表的水文测验术语、符号、计量单位和有效数字应符合国际《水文测验术语和符号标准》P54 页、《水文资料整编规范》（以下简称《规范》）（附录 A 水文资料整编图表填制说明 P82 页）的有关规定。

（2）水文各项要素的单位和取用位数，按附表的要求填制。取用精度位数后一位数字，采用"四舍六入"方法取舍。

（3）在整编中选用的推算方法，要力求正确，符合测站特性；要克服重数字计算，轻合理性检查的倾向，做好合理性检查工作。

（4）凡缺测站资料的时间较短、次数较少时，应尽量根据邻站或上下游站资料对照分析或其他因素相关法进行插补，以使资料完整；少数突出可疑资料，只要依据充分，尽量予以改正。

（5）插补的数值包括 0 时数字，均参加极值的挑选，0 时极值日期一般填后一日；如发生在月、年第一天 0 时，参加前后两月或两年挑选，被选为上月或上年极值者，填上月或上年的最后一日，被选为下月或下年的极值者，填下月或下年的第一日。

（6）月、日相同的省略规则：当另起一纵行，另起一页或另起一段时，第一行均应填写。水位或高程的整米数和小数点，以及相同文字的省略均照此执行。

（7）枯水期连续两月以上的水位、流量、含沙量、输沙率的实测值或日平均值全部为 0 或河干、连底冻时，也可在附注栏用文字说明，表内各月及旬月统计栏空白。

（8）中小河流测站基本水尺断面迁移时，区间集水面积增减数小于 3%，且无大的支流汇入时，则当年的流量、输沙率资料，可作为同一断面整编；否则，应作两站处理。

（9）降水量观测地点有迁移时，如迁移前后的地形、气候条件等基本一致，未跨越分水岭，且两地相距小于 2 km（山区站）或 5 km（平原站）

时，则当年两处观测资料可合并为一站整编；否则，应按两站整编。

（10）各项电算数据加工，录入应符合《水文资料整编规范》及现用资料整编系统操作规程。

（11）对于考证、定线、推算、制表及电算数据加工表，录入数据文件等整编工作内容，必须经过"3遍手"，并有相应签名。

4.2.3　在站整编

在站整编工作应由水文站或水文巡测队负责完成，条件不具备时可在地市水文机构指导下完成。

4.2.3.1　主要内容

（1）测站考证。包括测站说明表和位置图、水文站以上（区间）主要水利工程基本情况表和分布图、陆上（漂浮）水面蒸发场说明表及平面图。

（2）对原始资料进行审核。审核原始资料的目的在于全面消除错误，统一规格。审核时，着重检查资料的插补，日平均值的计算及各项特征值的统计有无错误，必要时，对计算数字可部分抽算或全部重算一次。

（3）确定整编方法、定绘水位–流量关系曲线及检验。

（4）数据整理、计算机输入及编制图表。

（5）单站合理性检查。

（6）编写单位资料整编说明，并进行单站资料质量评定。

4.2.3.2　进度要求

（1）一般原始资料记载计算必须在当日完成，校核应在3日内完成，复核应在5日内完成。参加整编的原始资料必须经过"3遍手"。

（2）考证、定线、推算、制表及计算机整编的数据表，数据文件等也都必须过3遍后，完成进度要求与原始资料一致。

（3）水文站、巡测队每月 10 日前完成月度资料整编，并提交相关成果；每年 7 月上旬完成本年度 1—6 月份水文资料整编；10 月中旬完成本年度 1—9 月份水文资料整编；12 月下旬完成本年度 1—11 月份资料整编；次年 1 月 2 日前完成上年度全部水文资料整编。

4.2.4 审查阶段

水文资料审查工作由地市水文机构负责完成。

4.2.4.1 主要内容

（1）抽查原始资料。

（2）对考证、定线、数据整理表和数据文件及整编成果进行全面检查。

（3）审查单站合理性检查图表。

（4）做整编范围内的流域、水系上下游站或邻站的综合合理性检查。

（5）进行资料质量评定。

（6）编制测站一览表及整编说明。

4.2.4.2 进度要求

（1）地市水文机构每月初应督促检查各水文站、巡测队上月的"即时整编"落实情况和资料整编成果质量。

（2）地市水文机构一般应在每年 7 月中旬完成本年度 1 至 6 月份水文资料审查；10 月下旬完成本年度 1—9 月份水文资料审查；次年 1 月 5 日前完成上年度全部水文资料审查。

4.2.5 复审阶段

水文资料复审工作由省（区）水文机构负责完成。

4.2.5.1 主要内容

（1）抽查测站原始资料和整编成果，对考证、定线、数据整理表、数据文件及成果表进行全面检查，其余只作主要项目检查。

（2）对全部整编成果进行统一检查。

（3）复查综合合理性检查图表，进行复审范围内的综合合理性检查。

（4）审查整编说明、成果图表，抽查原始资料。达到资料齐全、格式统一。

（5）审查数据库与成果资料的一致性。

（6）总结水文测验、整编工作。

4.2.5.2 进度要求

每年 11 月上旬完成本年度 1—9 月份水文整编复审工作；次年 1 月 10 日前完成上年度全部水文资料审查及表检。

4.3 测站考证

（1）测站说明表及测验河段平面图：设站第一年要编制，公历逢五年份，不论老站新站，情况有无变动，均重新刊印，公历逢五年份的考证是以上一个考证年为依据；公历逢零年份，不再重新考证，见表 4-1。

（2）水文站以上（区间）主要水利工程基本情况表及分布图，刊印年份为公历逢五年份。

（3）主要水利工程：指小（二）型水库（库容 10~100 万 m^3）、小（一）型水库（库容 100~1 000 万 m^3）、中型水库（库容 1 000 万 m^3~1 亿 m^3）、大型水库（库容大于 1 亿 m^3）。较大涵闸、水电站、提灌站等。

（4）水文站以上，指本站以上干支流未设站者；区间，是指本站至上游干支流水文站之间的未控制面积的范围。

（5）陆上水面蒸发场说明表及平面图：公历逢五年份，不论新站老站、情况有无变化，全部刊印一次。

表 4-1 整编说明书的填写（填列本年度各情况）

水位	基本水尺、水准点设置及高程校测情况	设有水准点★、★，本年校测与历年一致无变动。设有基本水尺★、★及比降水尺★、★，本年校测无变动
	水位观测情况	★~★月停测，★~★月每日8时、18时（20时）定时观测。有洪水时加测，以掌握洪水涨落变化过程为原则
流量	测流设备情况	中断面设有水文缆道（车），走航式电波流速仪。上断面设有浮标投放器
	断面及基线情况	设有基本水尺断面兼流速仪测流断面及浮标测流中断面；比降上、下断面兼浮标测流上、下断面距基本水尺断面各50 m；基线设于左岸，长100 m
	高、中、低水及冰期时测深、测速方法	高水用浮标测速（电波流速仪），水深实测或借用；中水用水文缆道（车）测深、测速；低水及冰期涉水流速仪（或小浮标）法测深、测速
	水面浮标型式及系数应用情况	浮标系圆柱形草把，浮标系数0.80系经验系数，顺（逆）风每级减（加）0.01（全年无浮标测验时，此栏空白。）
	各时段推流的方法	★~★月采用连实测流量过程线法推流；★~★月采用临时曲线法推流
含沙量	单位水样取样方法	系近水边水面一点法取样（或其它方法取样），用过滤法或置换法处理
	测点插补方法	平移或直线内插
	关系曲线绘制情况	断面平均含沙量采用实测单沙过程线法推求

注：其它按表中文字要求填写。

4.4 水位资料整编

4.4.1 水准点及水尺零点高程考证表的编制

（1）引据水准点、基本水准点及校核水准点，凡当年引测或校测者，均应按校测时序逐一填写，水准点的编号、位置应与历年一致。特别是对变动的水准点，应持慎重态度，详细系统考查测量结果，详细注明变动原因及时间等。

（2）对全年使用的水尺，应逐支考证其零点高程。各次校测记录（包括沿用上年水尺的最后一次校测记录），均按时间先后填列，检查有无变动，如有变动，分析判别变动原因和时间是否正确。属于突变者，从变动日期采用新高程；属于渐变者，按时间内插，确定两次校测期间的使用高程。并检查计算结果是否连续合理。对于全年零点高程无变动的水尺可只填列第一次测定和最后一次校测的结果。基本水尺考证完后，考证比降水尺。

（3）考证表中水准点、水尺零点高程测定和校测均记至小数后三位，取用高程记至小数后二位。

（4）在附注栏中，应注明水尺设置、变动情况：如"新设""冲走""更换尺板"等。

4.4.2 水位插补

当遇特殊原因水位短时间缺测时，应根据不同情况，参照《水文资料整编规范》选用直线插补法、过程线插补法或相关插补法，尽可能予以插补。

4.4.3 逐时水位过程线

宁夏地区河道站汛期绘制，渠道排水沟站灌溉期绘制。通过水文测验整编平台打印。

4.4.4 水位资料整编内容

（1）逐日平均水位表：宁夏地区黄河干流水位站或集水面积大于 3 000 km² 的河道站编印此表，其余站均不编印。

（2）逐日平均水位表不加注冰情符号，不统计各种保证率水位。

（3）附注

① ×~×月水位规定停测（或：表中空白之日，水位规定停测）。

② 其它特殊情况说明：如插补借用、不在同一断面观测水位、水准点、水尺零点高程变动等影响质量的情况说明。（有则填，无则不填）。

4.5 流量资料整编

4.5.1 实测流量成果表的编印

（1）内容填写

① 全年的实测流量资料均列入表。

② 测流起止时间恰好位于午夜日分界的，如果时间是终止时间，应填 23：59，月日记前一日；如果是起始时间应记 0：00，月日记后一日。不记起止时间的各摘录表上的时分，其分钟为"00"时，均省略，只记小时。

③ 断面面积：凡系借用水道断面面积，其数值应加括号。

④ 最大水深：若断面面积是参照前后断面插补的，则本栏不填。但借用某次断面资料的仍应填记。

⑤ 用比降—面积法推算的洪水流量成果亦列入编号数。经分析舍弃的测次，则空过该号，其后号数不再重排。实测流量连续多次为"0"的测次，只刊印起、止为"0"的测次，其余省略不刊印，施测号数保留。省略的测次应附注说明。

⑥ 测验方法栏，全区统一为：流速仪法施测，先填"流速仪"后面分子填垂线数，分母填测点总数，如"流速仪 7/21"；全用一点法施测，其"分母"改填相对水深位置，如水面一点，改填"0.0"；相对水深 0.6 一点法，改填"0.6"，以此类推。用浮标法施测，先填"浮标"（或中泓浮标、漂浮物），后面分子填有效浮标个数，分母填浮标系数，如 6/0.80。当各垂线相对水深位置不一致时，按垂线多的一种填记，如垂线数相同，按测点流速最大的一种填记。

⑦ 实测流量成果表的附注说明：填浮标系数的来源和依据；非 0.6 一点法测速所采用流速系数的依据（非水面 0.0 不备注）；流速仪测法：如缆道（车）、桥测、涉水等。

（2）说明

① 小浮标、浮标系数 0.80，流速仪半深系数 0.90 均系经验系数。

② 流速仪测法：水文缆道（车）或涉水施测。

③ 基本水尺水位栏空白的测次，水位规定停测。

④ 在附注中不能说明的问题，如：第 1、3、9 次冰情为岸冰、稀疏流冰花。（不能把同一次流量的附注内容在附注和说明中分开填写）。

⑤ 资料欠准、改正情况和其它影响水位流量关系及测验精度情况。

（以上各项有则填，无则不填）。

4.5.2　实测大断面成果表的编印

（1）内容填写

① 断面变化不大：主槽大部分垂线年冲淤变化小于 0.5m 者，只刊汛前有代表性的一次。

② 断面变化较大：主槽大部分垂线年冲淤变化在 0.5~1.5 m 者，除刊印汛前一次外，再增刊冲刷后最大和淤积后最小的断面各一次。

③ 汛前（或汛后）刊印的断面必须是当年实测的历年最高洪水位以上 0.5m 的大断面；其后一次只包括本年洪水位以上的大断面或过水断面（借用部分只在原始资料附注栏说明）。

④ 水位站、渠道站、排水沟断面不刊印此表。

（2）附注

河床组成及断面借用等情况，如：河床系砂卵石（粗砂、粉砂或石板）组成（同一断面多次刊印，只在第一次填写，其余测次不再重复填写）。

4.5.3　水位与流量、面积、流速关系曲线图的绘制

（1）图纸规格：一般情况下，宁夏地区各站用 50 cm×70 cm 的普通坐标纸（方格纸）点绘；兼测断面流量较小时用 35 cm×50 cm 的普通坐标纸点绘。

（2）比例尺选用：所选纵横坐标的比例尺应为 1、2、5 或其 10、100……倍，1/10、1/100、……（其他关系图亦同）。使水位－流量、面积、流速关系曲线分别与横坐标大致成 45°、60°、60°的交角，并使三条曲线互不交叉。

（3）关系点符号（所用符号应在图中注明）：

⊙流速仪常测法（实测断面）

◎流速仪常测法、电波流速仪（借用断面）

●流速仪精测法（用铅笔涂）

⊗流速仪简测法

△全断面浮标法（借用断面）

▲全断面浮标法（实测断面）（用铅笔涂）

▽中泓浮标法或浮冰、漂浮物法

×比降—面积法

符号绘制规格：圆圈直径 3 mm，正三角形边长 3 mm；线粗均为 0.2~0.3 mm（下同）。

（4）关系曲线应使用软硬适当的黑色绘图铅笔绘制。初绘时线条应轻应细，经审定后可绘成 0.2~0.3 mm 粗细均匀、光滑清晰的正式整编曲线。

（5）关系曲线审定前，除关系点、图名、纵横坐标可上墨（指碳素或绘图墨水）外，其余均不上墨。

（6）一般情况下应将测次编号注在点子右侧同一高度。测点密集时，可在点子右侧同一水平线的空白处注明测次编号，但距离点子不能太远，以便于查找，测点重合时，在测次下面加一横线，如 37、41、52，表示一个点子代表三个测次。

（7）为满足电算整编需要，关系曲线（包括过渡曲线）必须按推流时序统一编号，线号用阿拉伯数字 1、2、3……表示，填写在直径 8 mm、粗 0.2~0.3 mm 的圆圈内。

（8）测点经分析批判需要舍弃或改正时，应在点子及其编号外用红色圈上。

（9）更换定线方法或采用分期定线时，应将接头处有关测点绘入 2~3 个。年初、年末接头点应绘入 2~3 个。年初（上年末）接头点以空心圆内涂红色表示，年末点（下年初）涂蓝色。

（10）每条关系曲线的两端应绘以 10 mm 长的水平线，作为该线最高、最低水位的推流标志。

（11）图中应注明的内容：

① 总图名：某河某站某年水位-流量、面积、流速关系曲线图。

低水放大图：某河某站某年水位-流量关系曲线图。

② 签名：绘制、校核、复核、审查。

③ 图号：以分式表示，分子表示第几张图纸，分母表示总张数，如 ①/② 表示共两张图中的第一张图。

④ 推流时段表（必须填列于图中），其格式如表 4-2。

表 4-2　推流时段表

起时			止时			曲线编号	流量测次
月	日	时分	月	日	时分		

⑤ 纵坐标：水位（××基面以上米数）。

⑥ 横坐标（自左至右）：流量（m³/s）、面积（m²）、流速（m/s）。

（12）字体规格：图名字体高 15 mm，宽 10 mm；其他字体高 10 mm，宽 6 mm（指用 50 cm×70 cm 图纸）。用其他规格的图纸时，字体应照此比例扩大或缩小。

（13）流量定线应根据测验情况和关系点分布所受的主要影响因素，选用符合测站特性的定线方法和精度指标。定线要考虑趋势的合理性，避免不加分析地见点连线或任意舍弃点子的现象。对关系散乱，线条密集不易分辨的站，应采用分期分图定线的方法，但应绘总图。采用分图定线，并绘出相应水位面积、水位流速关系曲线者，也可不再绘制总图。总图中应包括本年最高、最低水位。

（14）对突出反常的控制点，应绘制辅助图表进行检查和分析，并填写分析记录单，以便审查。

（15）水位流量关系曲线低水放大：

① 水位流量关系曲线下部，流量大于 10 m³/s 时，读数误差超过 2.5% 的部分（即距流量坐标原点 20 mm 的范围），应另绘放大图；流量等于或小于 10 m³/s 时，读数误差超过 5.0% 的部分（即 10 mm 范围），应另绘放大图（允许估读有效数的末位数字）。

② 关系图放大线分界处应绘红色竖直线，表示以上有效，以下放大。

③ 放大线应依照放大范围内的测点分布重心定线，并应与主线或上一级放大线的趋势保持一致，不得照搬原线。

（16）曲线延长的幅度应符合下列规定：高水部分延长不应超过当年实测流量所占水位变幅的 30%；低水部分延长不应超过 10%。如超过此限，至少用两种方法作比较，并在有关成果表中对延长的根据做出说明。

（17）图幅布置应力求匀称，注字应工整，线条应清晰。

4.5.4 水位与流量关系曲线检查和标准差计算

（1）单一曲线，较长稳定时段（1 个月以上）的中高水临时曲线，凡关系点在 10 个以上者（包括几个时段组合成的临时曲线），应按《规范》规定作符号、适线和偏离数值检验，并计算标准差，流量变幅较大的站，可分水位级计算，一般不超过 4%~7%，计算结果注于逐日表附注栏。如："单一曲线标准差为 3.8%"，临时曲线标准差为 5.6%~7.0%（指两条以上曲线）。其检验和计算方法见《水文资料整编规范》9-15 页。

（2）测点标准差：不确定度估算时，常采用统计方法剔除特异值。即对超过 3 倍标准差以外的测点，可认为是坏值，予以舍弃。

（3）显著性水平 α 值的选用：单一曲线进行三种检验时，符号检验 α 值取 0.25，适线检验和偏离数值检验采用 0.10；临时曲线关系点较散乱的站，符号检验 α 值采用 0.25，适线检验 α 值采用 0.10，偏离数值检验 α 值采用 0.20，见表 4-3、表 4-4。

表 4-3　各类站（不同测法）定线允许指标

站别	允许随机不确定度		允许标准差	
	流速仪测法	浮标测法	流速仪测法	浮标测法
一类	8	12	4	6
二类	10	14	5	7
三类	12	16	6	8

表 4-4　偏离值检验 a=0.20 时临界值 t1-a/2 表

k	6	7	8	9	10	11~12
t1-a/2	1.44	1.42	1.40	1.38	1.37	1.36
k	13~14	15~17	18~22	23~27	28~45	46~100
t1-a/2	1.35	1.34	1.33	1.32	1.31	1.30

注：表中 k 为自由度，k=n-1（n 为测点总数）

（4）实行流量间测的站，对校核资料应按《规范》（第 2.4.2 条）规定进行 T 检验，α 值采用 0.05。

（5）检验结果的处理：三种检验和 T 检验结果分别按《规范》（第 2.4.1.5 条）规定和要求进行。

（6）当实测点数不能满足对关系线的标准差计算要求时，定线精度应符合下列要求：

① 关系线点较密集的站，75%以上流速仪测点偏离曲线的相对误差，中高水不应超过±5%，流速仪法低水和水面浮标法不应超过±10%。

② 关系线点较散乱的站，75%以上流速仪测点偏离曲线的相对误差，中高水不应超过±8%，流速仪法低水和水面浮标法不应超过±15%。

4.5.5　流量整编成果编印内容及办法

（1）逐日平均流量表：各河道断面及列入基本站的渠道和排水沟断面及兼测断面均编印此表。

（2）径流模数、径流深度的计算，应加入或减去断面上游实测引出（入）径流量。引出（入）径流量在附注栏注明。当上游水利工程控制面超过本站集水面积 15%~20%或调节水量超过年径流量的 7.5%~10%时，此两栏不再计算。

（3）逐日平均流量表附注：

① ×~×月用流量过程线法，其余时间用临时曲线法推流（用《巡测方案》标准线推流），其标准差为××.×%~××.×%。

② 因上游水库调蓄影响较大，不计算径流模数和径流深。

③ 调查上游水利工程年末蓄水量×，农业及人畜引水量约为×（山洪站只调查上游水利工程情况，排水沟站上、下游都应进行调查）。

④ 洪水水文要素摘录表：摘录洪峰的原则和方法见《规范》149 页。

摘录的方法，选摘其逐时过程线的所有转折控制点，所摘点数，所绘过程与原过程线的峰、谷完全相符，洪峰过程吻合，在此前提下，尽量精简点次，并注意在洪峰起涨前、落平后多摘 2~3 点，峰顶附近不少于 2~3 点，8 时和取单沙的点次及重要转折值都应摘入，插补值须加插补符号，有单断沙关系的站其含沙量应为换算后的断沙。

4.6 悬移质输沙率资料整编

4.6.1 实测悬移质输沙率成果

凡规定施测悬移质输沙率的站，不论测次多少，实测变幅大小，均编印此表。"单沙测验方法"栏为必刊项目。

4.6.2 单沙插补方法

单沙有短期缺测，可根据情况选用直线插补法、流量与含沙量关系插补法予以插补。

4.6.3 单断沙关系图绘制规定

（1）关系点符号

◎积点法　　　　　○定比混合法

▲一点法　　　　　△全断面混合法

所用符号应在图中注明，实心点用铅笔涂实。

（2）单断沙关系曲线，±10%外包线（中高沙部分），±15%外包线（低沙部分），均应通过坐标原点，关系曲线绘成实线，外包线绘成虚线，低沙部分读数误差超过 2.5%（含沙量很小时可放宽至 5.0%）的部分，应另绘放大图，对关系曲线是直线者，可不绘放大图。

（3）对突出反常的中高沙测次，应对流速、含沙量横向分布等辅助图进行分析，说明情况，以便审查。

4.6.4 单断沙关系标准差计算

（1）单一曲线及多线中的主要曲线，凡关系点在 10 个以上者，应进行符号、适线和偏离数值检验；并计算标准差，标准差仍采用《规范》中（2.3.1.1）式计算（实测断沙相当于实测流量，由相应单沙在单断沙关系曲线上推得的断沙相当于水位流量关系曲线上推得的流量），计算结果标记在逐日平均含沙量表的附注栏，如"单断沙关系标准差为 2.5%"。

（2）输沙率间测的站，对校测资料进行 T 检验。

（3）各项检验的显著性水平 α 值的选用，同水位流量关系曲线检验。

（4）关系图中应注明的内容

① 图名：某河某站某年单沙–断沙关系曲线图。

② 纵坐标：单样含沙量（kg/m³）。单位仍以竖行书写，只能占一列。

③ 横坐标：断面平均含沙量（kg/m³）。

④ 其他项目的规格和要求，可比照水位流量关系曲线图的规定进行绘制。

4.6.5 间测或校测输沙率推求方法

输沙率实行间测或校测的站，间测或校测年份用历年综合单断沙关系曲线推求断沙。

（1）逐日平均悬移质输沙率表（河道站编刊此表）。

（2）按规定停测含沙量之日（包括河干、连底冻），日平均输沙率栏任其空白。

（3）年统计，枯季按规定停测含沙量的测站（断面），仍按资料完整进行统计。

（4）输沙模数，因水库调节、渠道引水等原因，对年输沙量影响超过 10%~15% 及资料不全的站，不作此项统计，在附注栏说明。

（5）逐日平均输沙率表附注栏：×~×月输沙率为零。因上游水库调蓄影响较大，不计算输沙模数。

4.6.6　逐日平均含沙量表

河道站及渠道、排水沟站规定有单沙测验任务的站印此表。

（1）按规定停测含沙量期间，日平均栏任其空白。目测无含沙量时填 0。

（2）月平均含沙量：一般以月平均输沙率除以该月的月平均流量得之，当所求月平均值因有效数字取舍与日平均值发生矛盾时，则改用输沙率月总数除以流量月总数得之。

（3）停测期间空白之日，不参加月最大、最小含沙量挑选。

（4）年平均含沙量：同上，当所求年均值与月均值发生矛盾时，可比照计算月平均含沙量的规定处理。

（5）日含沙量表附注栏：注明单沙取样位置、方法、次数及断沙的推求方法和按规定停测的情况，有单断沙关系者，还须注明关系曲线的标准差。

4.6.7　附注

（1）全年共取单沙×次，系近水边水面一点法取样。

（2）断面平均含沙量用近似法推求（断面平均含沙量用单断沙关系曲线推求，其标准差为×.×%）。

（3）表中空白之日，含沙量规定停测。

4.7　水温、冰凌资料整编

（1）水温缺测之日，采用邻站相关或参考本站相邻日水温变化趋势，尽量予以插补。

（2）月最高最低水温：在全月规定的定时观测值中挑选，颗分、水化等取样时所加测的水温不参加挑选。

（3）稳定封冻期按规定（连续 3~5 日在 0.2℃以下）停测水温者，年平均水温栏空白。

（4）月统计：月平均以月总数除以全月日数。月最高、最低水温及日期在全月规定的定时（8：00）观测值中挑选最高、最低值及其发生日期，其它项目附属观测的水温，不参加挑选。（有停测时，参照年统计值规定）。

（5）年统计：以全年 12 个月的月平均水温总数除以 12 得之。如稳定封冻期按规定停测，则不计算年平均水温，该栏任其空白。

（6）年最高、最低水温及日期：从各月最高、最低水温中挑选。

（7）附注：说明"逐日水温系根据每日 8 时（或其它规定时间）观测值整编"以及有关影响资料精度情况。

（8）冰厚及冰情要素摘录表，黄河干支流观测冰情及冰厚的站编印（未观测冰厚的站不编印此表），只摘录冰厚（包括岸冰）的测次。如本站未出现岸冰和封冻现象或冰厚测次很少时，可以不编印此表。

（9）冰情统计表：此表单独编印，不再列入其他表中，凡观测冰情的站均编印此类，表列各站冰情特征日期、封冻天数及冰厚特征等项内容，其统计方法见《水文资料整编规范》182 页有关规定和说明。

① 初、终冰日期：分别填记下半年第一次、上半年最后一次出现冰情的日期。

② 开始、终止流冰日期：分别填记下半年第一次出现流冰和上半年最后一次出现流冰的日期。

③ 封冻、解冻日期：分别填记下半年第一次封冻和上半年最后一次解冻的日期。

④ 实际封冻天数：分别填记上半年、下半年实际封冻的天数。（无封冻天数日期空白）。

⑤ 最大冰厚：填记本年测得的最大河心或岸边冰厚及出现日期。

⑥ 附注：填记需要说明的事项。

4.8 降水量、水面蒸发量资料整编

4.8.1 降水量资料插补

（1）降水量因故发生少数日期缺测或自记雨量计发生故障时，应按《水文资料整编规范》规定尽量予以插补或修定，缺测之日可根据地形、气候条件和相邻站降水分布情况，采用邻站平均法、比例法或等值线法进行插补；当自记雨量计发生故障导致降水量累积曲线有中断、漏水、钟停等情况时，参照邻站的趋势和量进行插补或修正，并在日量右边分别加注插补或改正符号。日降水量 1 mm 以下可不予插补。

（2）经与邻站对照检查，降水量确属明显缺测、偏大或偏小，日期提前错后者，应尽量设法插补或改正，在逐日降水量表附注栏中加附注："经与邻站对照，×月×日降水量缺测（或偏大、偏小），（写明插补方法）"；"经与邻站对照，×月×日降水量前移（或后移）×天"等。

（3）日分界缺测，有累计量者，参照邻站降水历时和降雨强进行分列，分列的日量右侧应加注分裂符号，无法分裂时按合并处理，并加注合并符号。

（4）确知有降水和缺测及合并符号之日者，可参加降水日数统计。

4.8.2 降水量摘录要求

（1）自动监测数据按 24 段制摘录，均采用"汛期全摘"的方法（6—9月）。5 月下旬及 10 月上旬与汛初汛末的连续降水应摘全，非汛期的暴雨，其洪水已列入洪水摘录表时，该站及上游站相应降水（无论降水量及其强

度大小如何）亦应摘录。

（2）非汛期较大降水摘录标准：凡四段制以上观测，一次降水达 20 mm，且强度大于 2.5 mm/h，或 24 小时降水量等于或大于 40 mm 的过程，二段制观测量为 12 或 24 h，属年最大量者仍予摘录。

（3）当相邻时段的降水强度均等于或小于 2.5 mm/h 者，可予合并，但不跨过 2、8、14、20 时。

（4）当未按日分界观测，但知其总量者，若逐日表中已作了分裂处理，其摘录表也应按分裂后的时间和降水量填写，使其二者保持一致。

4.8.3　降水量的单站合理性检查

（1）各时段最大降水量应随时间加长而增加。检查长时段降水强度是否小于短时段的降水强度。

（2）降水量摘录表或各时段最大降水量表与逐日降水量对照：检查相应的日量及符号是否一致，24 h 最大量应大于或等于一日最大量，各时段最大量应大于摘录表中的相应时段量。

（3）根据地形、邻站雨量分布情况，对突出降水量进行合理性分析。

4.8.4　降水量的综合合理性检查

（1）将单站与邻站的逐日降水量进行对照检查，看相邻站的降水时间、降水量、降水过程及观测物符号的规律性。

（2）相邻站月、年降水量及降水日数对照。

（3）将邻站的降水量摘录表、各时段最大降水量表进行对比分析。

4.8.5　蒸发量的插补

（1）蒸发量少数日期缺测或出现偏大、偏小及负值时，应按《水文资料规范》规定尽量予以插补和改正。

（2）当缺测日的天气状况与前后大致相似时，可根据前后观测值内插，也可与邻站相关插补或直接移用附近站资料。

（3）当蒸发量很小，出现负值者，应改正为"0.0"，并加改正符号。

（4）对个别突出偏大、偏小确属不合理的日量，应依照气象因素和邻站资料予以插补改正，并加注插补或改正符号。

4.8.6 逐日水面蒸发量表

（1）各降水量站均编印此表，用不同口径蒸发器同步观测的资料，分别平行编印，不再采用合刊。其他项目的说明有关内容：

① 蒸发器位置特征：填水面蒸发场名称。如"陆上水面蒸发场"。

② 蒸发器型式：填记所用蒸发器型式。如"E601型蒸发器""20 cm口径蒸发器"。一年使用两种仪器者，分别填其型号及使用时间。

③ 如果算出的水面蒸发量为负值，则一律记为"0.0"。

④ 水面蒸发量短时间缺测，尽量参照邻站及有关因素插补日值加"@"符号。

⑤ 蒸发器结冰期间，不论是逐日观测或数日测记一次水面蒸发总量，均在观测值右侧加注结冰符号"B"，不观测日栏内填记合并及结冰符号"！B"。

⑥ 月年统计表填列方法：

A. 月（年）蒸发量：为各日（月）水面蒸发量之和。

B. 月（年）最大、最小日水面蒸发量：从各月逐日值中挑选。

C. 一月或一年内用两种不同类型蒸发器观测，应换算为同一口径资料。如不能换算时，不作月或年统计，相应栏任其空白。

D. 初冰、终冰日期：初冰、终冰日期按结冰符号所在日统计发生日期。

（2）全年采用两种仪器同时观测的应分别进行整编。

4.8.7 水面蒸发量单站合理性检查

逐日水面蒸发量与逐日降水量对照。对突出偏大、偏小属不合理的水面蒸发量，应参照有关因素和邻站资料予以改正。

4.9 调查资料整编

（1）洪水调查。凡当年列入测验任务的河、沟、川洪水调查资料整编，测站必须经过"三遍手"，概化系数选用历年必须一致。

（2）对于稀遇洪水，应有专门报告，内容必须包括：降水情况、洪水情况、调查或测验情况，灾害情况（毁坏工程、淹没农田、人畜伤亡等）。

（3）灌区凡经省（区）水文机构安排的对引、排水量调查资料整编，测站亦须经过"三遍手"。

（4）各地市水文机构审查阶段要作具体安排，对洪调和引、排水量调查必须进行统一审查；对洪调资料适当进行地区性对照检查，并编制洪水调查及引、排水量调查成果表，交省（区）水文机构在复审阶段统一复审。

4.10 质量标准

4.10.1 质量定性标准

（1）项目完整、图表齐全；

（2）考证清楚、定线恰当；

（3）方法正确，资料合理；

（4）说明完备、规格统一；

（5）字迹清楚、数字无误。

4.10.2 成果数字质量标准

（1）无系统错误；

（2）无特征值错误；

（3）其它数字错：整编阶段不超过 1/5 000，审查、复审阶段不超过

1/10 000。

4.10.3 错误标准

（1）系统错误：指连续数次、数日、数月或影响多项、多表的错误。如水位流量关系线"号"用错，致使流量推算错者。

（2）特征值错误：指对资料使用有明显影响的错误。

（3）其它数字错误：不属于系统错或特征值错误而又必须改正的错误。如降水日期起止时间填错，降水日数填错者。

（4）允许误差：由于计算方法、工具及电算数据加工摘点等不同引起的误差。标准如下：

① 各种计算值尾数允许差 1（但各整编刊印成果表之间同项数字必须一致）。

② 日平均水位允许差 0.02 m，不用日平均水位法推流者允许差 0.03 m。

③ 日平均流量允许差：高中水±2%，低水±5%，流量 0.03~1.00、允许差±10%，流量<0.03 时、尾数允许差 3。

④ 平均输沙率、含沙量允许差：高中沙±5%，低沙±10%，输沙率 0.03~1.00 kg/s、含沙量 0.03~0.10 kg/m³ 或 30~100 g/m³ 允许差±15%，输沙率<0.03 kg/s、含沙量<0.03 kg/m³ 或<30 g/m³，尾数允许差 5。

⑤ 各时段最大降水量：60 分钟及其以内各时段，一般允许差 0.5 mm，降水率很大摘点稀密不同时，允许差 1.0 mm。

4.10.4 错误统计

（1）以整编刊印图表上出现的错误为准，原始记录及整编过程的错误、影响整编刊印图表时，应予统计，必要时，可对原始记录及整编审查过程专项统计。某一数值错连带月年统计或其他数值错，算一个错。同一站同一种表同类性质或连续的错 1~3 个长时期算 1 个，4~10 个长时期算 2 个，

11 个及其以上算 3 个。只整编不刊印的图表，其错误可折半计算。

（2）字组：流量成果表、各种摘录表每张 750 字组计，各种日表、大断面表、输沙成果表每张 500 字组计，记至 0.5 张。各时段最大降水量表每站 100 字组计，见表 4-5。

表 4-5 错误标准表

项目	特征错误	其它数字错误
刊印表	漏填属于刊印的特征值	
关键性、控制性的文字或数字	站名（甲站错为乙站）、单位、集水面积、基面名称、绝对基面与冻结基面高差错等（包括漏填）	
水位	0.02 m（年变幅 2 m 以下） 0.03 m（年变幅 2 m 以上）	0.10 m（年变幅 2 m 以下） 0.15 m（年变幅 2 m 以上）
流量 输沙率 含沙量	2%（洪水期、年统计） 3%（平水期流量输沙率>1.00），含沙量>0.100 kg/m³ 尾数差 3（流量、输沙率≤1.00，含沙量≤0.100 kg/m³）	20%（平水期流量，输沙率>1.00，含沙量>0.10 kg/m³） 30%（流量、输沙率 0.03~1.00 含沙量 0.030~0.100 kg/m³） 尾数差 9 流量、输沙率<0.03，含沙量<0.030 kg/m³
起点距	±20%	
河底高程	0.20 m	
断面面积、糙率	20%	
流速、水深	10%（年最大值）	20%（平均或最大）
水温、气温	2℃	10℃
冰厚	0.03 m	0.10 m
降水、蒸发	5 mm	5 mm（对照的错 10 mm）
降水日数	10 天/年	10 天/年
封冻天数	5 天	
土壤含水率		绝对值 10%
蓄水量		20%

注：特征值指旬月年平均、最大、最小及各项年统计值。

5 水文勘测技能竞赛外业操作方法

5.1 水文三等水准测量

5.1.1 操作要求

（1）基本要求

选手在 30 min 规定时间内，按《水文测量规范》（SL 58−2014）三等水准测量要求，用自动安平水准仪自测、自记、自算一个 4 站闭合路线的单程，单程测量两点高差并进行闭合差检验（理论高差值为 0）。

（2）测量路线及设站

竞赛分 A、B 两个场地进行，各场地水准测量按闭合路线进行，每条路线设 4 个测站（段）5 个立尺位，始、终点立尺位重合，便于进行闭合差检核（理论高差值为 0）。

各尺位附近布置 2~3 个桩点，不同选手测量时由裁判随机指定选择桩点并指挥扶尺员放置，选手自行调整设站位置。

（3）主要技术要点

① 测量观测作业：选手应熟知仪器安置、设站迁站、控制单站与路线误差等的要求，做到观测操作规范、记录正确准确；转尺面、转站等要求扶尺员配合的过程，选手要有明确的口令或手势指挥扶尺员。

② 单站与路线观测的各项计算值：视距差、检核差、高差、闭合差等

计算正确，符合限差要求；

③ 质量控制：选手了解水准测量误差机制，按三等水准测量要求分测站进行观测、记录、计算、校核测量数据，并进行闭合差检核，每站测完，现场计算合格后方可迁站。

（4）特别说明

① 参赛选手按工作人员引导进场，领取水准测量记载表，填写姓名、选手编号，并做仪器检查等准备工作，准备工作时间不超过 5 分钟。裁判应告知、选手应注意听取或询问尺号及红面起点读数等有关事项。

② 参赛选手向裁判示意已做好操作准备。裁判宣布开始口令并计时，选手进入操作程序。

③ 选手自己认定完成全部操作，向裁判明确报告完毕后，裁判计时终止。

④ 选手将测量记载、计算表交现场裁判后离开场地。

5.1.2　时间控制

规定操作时间 30 min，不允许超时。如规定时间内未能完成所有操作，终止操作，按实际完成的内容计分。

5.1.3　仪器设备

比赛要求使用 S3 级及以上自动安平水准仪，不限制品牌及型号。综合保障组负责提供自动安平水准仪（S3 级）、公制水准仪脚架、3 m 正像标准水准尺。

5.2　卫星定位（GNSS）测量

5.2.1　操作要求

选手在规定时间内，采用单基准站 RTK 测量方法及要求，自建基准站、自建转换，完成断面（陆上）测量。能客观反映断面的形状，能控制断面的转折变化，实测结果与标准断面吻合。

新建测量任务采用"平面拟合+高程拟合"（不同机型名称可能不同）建立转换。手簿中，项目名称按"年月日+选手编号"取名。

距离、高程均记录至 0.01 m，平面坐标值记至 0.001 m。

（1）仪器使用：选手应当熟练仪器组装、设备连接、基本设置、对中杆操作等，熟悉手簿中菜单、选项、设置、程序、端口的翻阅、调用、操作；

（2）基准站建立：选手应当熟练操作相关的设置及采集，充分了解利用已知控制点、未知点一次性使用、未知点重复利用的不同条件或需求下建立基准站的操作差别，包括整平对中、量取仪器高、保存设置等知识；

（3）流动站设置与坐标转换：选手应当充分了解大地体、椭球、转换、投影、中央子午线等，熟知 GNSS 测量的基本操作，通过测量建立转换模型，并对已知点进行检核（受比赛时间限制，仅作一点校核，但选手应知悉技术规范的相关要求）；

（4）断面测量：选手应当熟练 RTK 测量应用操作，熟知断面测线建立及设置、RTK 碎部测量、偏距控制、固定解状态等，实测断面点应控制断面起伏变化且数目不少于 5 个；

（5）记录数据导出：断面点测量值在结束比赛操作后，回候赛区翻阅手簿显示实测数据或计算机导出（不计时），完成表单剩余部分的填记（其它部分已由裁判现场批注）；

（6）精度控制：选手应充分了解比赛场地大小、已知点分布，空间尺度对于转换及结果的影响。

5.2.2 时间控制

测量规定时间为 30 min，不允许超时。如规定时间内未能完成所有操作，终止操作，按实际完成的内容计分。

5.3　计算机自动定线

5.3.1　操作要求

（1）使用宁夏水文资料整编系统。

（2）要求选手在 10 min 内正确完成系统自动定线的基本操作、节点的拖拽调整、使曲线平滑，通过三线检验完成计算机自动定线。

（3）要求操作过程必须至少新增和删除一个节点。

5.3.2　操作步骤

（1）输入网址 http://172.29.0.18:28889，进入宁夏水文资料整编系统。点击最右上方的关系曲线，在左侧选择考题要求相应的年份和测站，再点击下方的水位流量关系曲线，正式进入到工作页面。

（2）进入工作页面后定义分线，输入考题要求的推流时段，输入完整后保存。

（3）开始编辑，用分线节点拖拽来调整曲线，使曲线平滑、美观。编辑完成后保存。

（4）三线检验，点击检验分线合理性键进行三线检验，查看结果是否合理。若合理，结束考试；若不合理，返回第三步骤继续调整编辑。

5.3.3　时间控制

规定操作时间为 10 min，如规定时间内未能完成所有操作，终止操作，按实际完成的内容计分。

5.3.4　比赛场地及仪器设备

赛场备有计算机。

5.4 ADCP 测流

5.4.1 操作要求

（1）主要考察选手对仪器使用的熟练程度，以及关键点的掌握。

（2）主要对基站线缆连接、电源电压测试进行考核。

（3）对仪器的开箱检查、取放安装、测流投放、靠岸等基础操作。

5.4.2 操作步骤

（1）选手进入赛场后，领取记载表，由裁判员提供相关基础资料（天气、风力风向、流量测次、探头入水深、水尺零点高程等），选手填写姓名和编号，不得填写其他内容，准备时间不得超过 2 min。

（2）ADCP 线路连接和检查。使用万用表测量岸上基站电源电压，向现场裁判员报告电源电压数值。当电压值低于 11 V（RiverRay）或者 14 V（M9），提示现场裁判更换电源，更换电源的时间不计入竞赛时间；检查基站电源和信号线的连接。

（3）ADCP 自检。此部分由选手口述，口述自检软件名称以及自检内容。RiverRay 的自检软件为 BBTALK；或者指出测流软件自带自检功能选项（答对其中一项即可）。

（4）测流软件参数设置及初始化。启动 ADCP 软件，根据测量向导完成各项参数设置。在基本信息方面，要求"站点名"统一填入"××水文站"，"文件名"填入"××"（选手编号），其它选项直接通过。在现场测验条件设置方面，根据裁判组提供的资料，对换能器入水深、左右岸系数进行设置，其它默认。各项上述参数设置完成后，点击相应菜单项发出"开始发射"命令，等待软件参数导入到 ADCP 仪器中，时间采用 PC 时钟，完成初始化过程，选手举手示意，裁判员停表，第一阶段计时结束。

（5）流量测量。参数初始化完成后，选手向裁判员示意"现在开始测流"，将 ADCP 用牵引绳固定在缆道上，手动操作缆道至起点位置，在起点位置收集 4~5 组数据之后，选手点击相应菜单"开始测量记录"或者"开始走航"或者"开始断面测量"，同时操作缆道。在测量过程中，选手应根据软件界面显示的速度和流速信息自己掌控缆道摇动的速度。当 ADCP 到达终点岸边标志时，在终点位置收集 4~5 组数据之后，选手按规程完成单次测量。返程测验重复上述过程。根据本次比赛的特殊要求，左右岸起点和终止位置都设置旗帜进行标识，左右岸水边距按照现场给定数值进行输入。

（6）数据回放及质量评定。选手完成测流工作（菜单对应选项"结束发射"），由裁判员按表继续计时。进入下一环节，此环节包括数据回放、数据质量评定、填写 ADCP 流量测验记载表，确认 ADCP 流量测验记载表中各项数据记录无误后，选手关闭测流软件，将记载表上交现场裁判员，并举手示意，裁判员停表。

5.4.3　时间控制

ADCP 测流内容包括多个环节，其中测流环节需选手进行缆道操控，测流环节不计时，测前测后累计计时。选手操作规定时间为 20 min，不允许超时，如规定时间内未完成所有操作，终止操作，按实际完成的内容计分。

5.4.4　仪器设备

由赛场提供下列仪器供选手竞赛使用：

瑞智 ADCP、WinRiver II v2.16 Setup 版本操作软件、电源、笔记本电脑。

5.5　无人机测流

5.5.1　操作要求

主要考察选手对无人机使用的熟练程度（无人机安装和拆卸不做考

点）。在规定时间内利用机载雷达波流速仪测量河流表面流速。无人机起飞、降落及固定测速，均采用手动操作模式。

（1）准备工作：选手进入赛场后，领取相关基础资料和熟悉设备，最长时间不得超过 3 min。

（2）无人机测流设备检查：对电源电压、桨叶、机载雷达波测流设备安装情况检查。

（3）起飞环境及无人机联机检查。

（4）参数设置：根据给定资料，规划测流航线及测速垂线。

（5）测流操作：选手操控无人机完成 5 条固定垂线测速及数据处理。

（6）无人机返航归位：安全精准下落到指定位置，关闭无人机电源，完成测流。

（7）成果检查及输出：利用大断面数据和提供的流量系数，计算出断面流量，输出成果。

5.5.2　时间控制

选手操作规定时间为 20 min，不允许超时。如规定时间内未能完成所有操作，终止操作，按实际完成的内容计分。

5.5.3　竞赛所选仪器

赛场提供无人机测流装备供选手使用。

5.6　LS25-3A 型旋桨式流速仪拆装及信号调试

5.6.1　操作要求

（1）使用仪器型号是 LS25-3A 的旋桨式流速仪，选手在拆卸、清洗时可视为"在水深、流急、高含沙河流中工作后的仪器"。

（2）要求参赛选手在规定的时间内正确地完成流速仪开箱、检查，仪器本体拆卸、清洗、装配加油、检查、装箱等全部操作。操作依据主要按《转子式流速仪》（GB/T11826—2019）和 LS25-3A 旋桨式流速仪说明书的基本要求执行。

（3）在考核竞赛过程中，要求选手必须在动手操作的同时采用口述辅助的方式进行快速有序地拆装。特别对一些细节动作要领进行口述补充，即"手口相辅"的办法。

5.6.2 时间控制

规定操作时间为 15 min，不允许超时，如规定时间内未完成所有操作，终止操作，按实际完成的内容计分。

5.6.3 仪器设备

赛场备有 LS25-3A 型旋桨式流速仪整套仪器及资料（铝合金仪器箱装）、清洗用具、辅助工具、油料等。

5.7 JDZ02 翻斗式雨量计安装调试

5.7.1 操作要求

（1）使用仪器型号为 JDZ02 雨量计。

（2）选手在规定时间内正确地完成雨量计的安装、调平、注水调试、误差估算、信号检查、填写记载表等。操作依据主要按《翻斗式雨量计》（GB/T 11832—2002）以及《JDZ 系列翻斗式雨量计使用说明书》（JDZ05 系列）的基本要求执行。

（3）本次比赛雨量计注水试验按照中雨强（每分钟 2 mm），翻斗计量误差按照 10 斗水进行估算，出现误差在记载表中说明如何调整；信号输出检查时信号输出数不少于 4 个。

（4）在考核竞赛过程中，允许选手对一些细节动作要领进行口述补充。

5.7.2 时间控制

规定操作时间为 15 min，不允许超时。如规定时间内未完成所有操作，终止操作，按实际完成的内容计分。

5.7.3 仪器设备

赛场备有 JDZ05-1 翻斗雨量计、仪器基座、工具箱、水平尺、标准雨量杯、数字万用表、储水桶、水壶，场地有排水功能。

5.8 缆道测速测深

5.8.1 操作要求

（1）要求选手在 10 min 内正确完成缆道操作、仪器安装拆卸，并将仪器输送到指定的起点距测速垂线处完成测速测深工作。垂线定位允许误差小于 0.2 m，两次测深允许误差小于等于 0.05 m；用一点法（0.6H）测速，测点测速历时应大于等于 100 s。

（2）主要项目：缆道操作、定位、测深、流速计算记录。缆道操作包括：缆道来回、铅鱼上下、流速仪安装拆卸；起点距定位包括：操作规程、熟练程度、垂线定位；测深包括：操作规程、熟练程度、误差控制；测点定位包括：操作规程、熟练程度、水深测量；流速计算记录包括：信号和记时记录、计算、表检。

（3）操作规则说明：①流速测量采用秒表和音响器。②起点距定位应一次完成，铅鱼下降一次完成（不允许再来回运行）。

（4）测速只计总历时和总信号数（人工查数，机械秒表计时）。

（5）流速计算垂线平均流速。

（6）其他说明：①每个选手按要求完成规定的考试内容后，将铅鱼回收到指定的起点位置。②在考试期间缆道出现故障或其他突发事件时，由工作人员处理。③由缆道钢丝绳脱落等原因中断选手竞赛操作，在缆道恢复正常后裁判视情况决定是否重新开始或接续操作。

5.8.2　缆道操作规程

（1）操作人员按顺序检查手摇式水文缆道主索、循环索、计数器、滑轮是否正常运行，熟练安装流速仪。

（2）在行车前与裁判员互动，在室外观察铅鱼提升是否达到了安全高度；循环索、行车架是否有脱轮现象。

（3）准确操作水平、垂直行车，手摇应运行平稳、均匀缓慢。

（4）将行车架摇至起点距 0.0 m 处，将计数器复位，使水平距离归 0，测量开始。

（5）每次水平、垂直行车操作，应观察行车架运行是否正常。

（6）测量结束后，将铅鱼提升至合适高度，返回。

（7）按顺序取下音响器、流速仪，将铅鱼摇动至合适的位置，将摇把固定好。

（8）流量计算、清洗流速仪，测量结束。

（9）特殊情况处理。在测量过程中，如水面出现异常漂浮物和缆道运行异常情况，应及时将流速仪提出水面并停车处理。

5.8.3　时间控制

规定操作时间 15 min，不允许超时。如规定时间内未能完成所有操作，终止操作，按实际完成的内容计分。

5.8.4　仪器设备

缆道为手摇式缆道。现场安装 LS25-3A 型旋桨式流速仪。

参考文献

[1] 中华人民共和国住房和城乡建设部，中华人民共和国国家质量监督检验检疫总局. GB/T 50138—2010 水位观测标准. 北京：中国计划出版社，2010.

[2] 中华人民共和国住房和城乡建设部，中华人民共和国国家质量监督检验检疫总局. GB/T 50179—2015 河流流量测验规范. 北京：中国计划出版社，2015.

[3] 中华人民共和国水利部. SL/T 247—2020 水文资料整编规范. 北京：中国水利水电出版社，2020.

[4] 中华人民共和国水利部. SL/T 460—2020 水文年鉴汇编刊印规范. 北京：中国水利水电出版社，2020.

[5] 中华人民共和国水利部. SL 58—2014 水文测量规范. 北京：中国水利水电出版社，2014.

[6] 中华人民共和国国家质量监督检验检疫总局，中国国家标准化管理委员会. GB/T 12898—2009 国家三、四等水准测量规范. 北京：中国标准出版社，2009.

[7] 朱晓原，张留柱，姚永熙. 水文测验实用手册. 北京：中国水利水电出版社，2013.

[8] 王俊，王建群，余达征. 现代水文监测技术. 北京：中国水利水电出版社，2016.

[9] 尹宪文，等. 水文现代化体系建设与实践. 北京：中国水利水电出版社，2020.